图书在版编目(CIP)数据

青岛开埠初期的建筑：1897~1914 / (德) 克里斯托夫•林德著；夏树忱译.
上海：同济大学出版社，2024.1
ISBN 978-7-5765-0945-8

Ⅰ.①青… Ⅱ.①克… ②夏… Ⅲ.①建筑史－青岛－1897-1914 Ⅳ.①TU-092.952.3

中国国家版本馆CIP数据核字(2023)第197279号

本书出版得到肇秋基金支持

青岛开埠初期的建筑(1897~1914)

青岛市文化和旅游局
青岛市档案馆　　　　组编
青岛市城市建设档案馆
(德)克里斯托夫•林德 著
夏树忱 译　慕启鹏 校译

出版策划《民间影像》
责任编辑 陈立群(clq8384@126.com)
视觉策划 育德文传
内文设计 昭　阳
封面设计 景嵘设计
电脑制作 宋　玲　唐　斌
责任校对 徐春莲

出　　版 同济大学出版社www.tongjipress.com.cn
发　　行 上海市四平路1239号　邮编 200092　电话 021-65985622
经　　销 全国各地新华书店
印　　刷 上海锦良印刷厂
成品规格 170mm×213mm　320p
字　　数 380000
版　　次 2024年1月第1版
印　　次 2024年1月第1次印刷
书　　号 ISBN 978-7-5765-0945-8
定　　价 128.00元

青岛开埠初期的建筑

(1897~1914)

青岛市文化和旅游局
青岛市档案馆　　组编
青岛市城市建设档案馆
(德)克里斯托夫·林德 著
夏树忱 译
慕启鹏 校译

同济大学出版社·上海

编委会

序言

本书源于1998年我的博士答辩论文，目的是测绘青岛德占时期所形成建筑的现状，研究那段时期的建筑历史。

1898～1914年，在严格的军事管理下，辅之以柏林帝国海军部的双重把关，透过强有力的行政监管，依照当时颁布的建筑条例，青岛的城市格局被划分为居住区、商业区和工业区。同时还实施了种族隔离政策，规定了华人区和欧人区。相较于中国其他沿海城市，青岛以这种方式形成了其建筑学上的城市格局。时至今日，青岛人仍在审慎保护并积极推进这片老城区的复兴。一百多年后的今天，青岛老城区独特的城市风貌，仍是构成这座国际性都市的特色之一。

虽然该研究已结束许多年，但每每回想起当年与青岛方面的友好合作，如青岛市博物馆、青岛市文物局、青岛市档案馆、青岛市城市建设档案馆、青岛德国总督楼旧址博物馆以及一些高等院校和私人朋友们，我依然感到万分激动。在课题研究期间，他们给予了极为友好的接待与支持，为成就本书提供了宝贵帮助。

1998年以后，针对该专题的研究又有了愈来愈多的新发现与新认知。因此，本书只能代表基于当时档案资料条件下的认识水平。本书的研究成果对于青岛市正在开展的历史城区申报世界文化遗产工作或许具有一定的价值，青岛市档案馆、青岛市文化和旅游局决定翻译和出版这部论文。

我首先要衷心感谢夏树忱先生的提议，他与我接洽了此事，并以80岁高龄翻译了全部书稿。我还要衷心感谢青岛市档案馆的周兆利先生、黄琪女士，青岛市文化和旅游局的李静女士。周兆利先生、黄琪女士承担了全部译稿统校、注释、历史建筑现状查证、历史照片统筹、地名人名机构名称校订以及出版工作，李静女士热心协调肇秋基金支持，使本书得以顺利出版。

山东建筑大学慕启鹏副教授、袁宾久先生、史晓芸女士、青岛城市遗产保护中心王艺洁女士对译稿进行了仔细的校译，并订正了原文中一些不甚确切的描述，令人敬佩。

因论文印刷较早，原有插图部分已模糊不清。我要感谢德国历史博物馆、德国联邦档案馆、青岛市档案馆、青岛印象博物馆提供的部分珍贵历史照片；青岛市城市建设档案馆的孔繁生先生和邹厚祝先生花费大量时间补拍了书中所涉及建筑的现状照片；北京大学刘群艺副教授无偿提供了两本1914年前的青岛历史画册；袁宾久、杨明海、谷青、王学纲四位先生慷慨提供了大量个人收藏的建筑历史及现状照片用于本书出版。

我还要感谢同济大学出版社陈立群先生，他为本书的出版做了大量卓有成效的工作。在此，我对上述各位的慷慨支持表示最真诚的感谢！本书能在中国出版是我本人莫大的荣幸！

林德(Christoph Lind)

2020年12月于曼海姆

前 言

1. 研究对象

青岛位于中国山东半岛南端，1898年起成为德国胶澳租借地首府。在1914年11月被日军夺取前，它已发展为集商贸、行政和驻军于一体的城市，居住人口5万多。其中有约2000名欧洲人(多为德国人)。此外，第三海军营还在青岛驻军约3000人。城中欧洲人居住区(简称“欧人区”)和中国人居住区(简称“华人区”)被分隔开来；其中欧人区开发建设标准先进很多，为了彰显既庄重气派又富裕繁荣的城市形象，一切都按照当时最先进的安全和卫生标准规划建设。在建设标准方面，青岛不同于早期被欧洲殖民统治的港口或在华租借地和租界——香港和上海，虽然在经济方面它们都是青岛的楷模。青岛城市建设的奢华与耗资，一方面出于帝国海军部为德国作为“迟到”的殖民国家彰显国力的目的，展示德国在东亚的存在。另一方面，为了租借地的经济发展，把“(这种)卫生的(居住和生活)条件”，看作吸引投资者——主要是商业——的前提条件。

2. 研究目标

本书将从城市建设和建筑单体两个层面来探究早期规划者的编制圭臬与设计动机，并与上世纪初至一战爆发前这一时期的德国本土城市建设做比较研究。不过，如今青岛老城的保存和复建状况，对早期欧人区的建筑研究带来一定难度。曾经占整个城市面积更大的华人区，在城市形态上与欧人区明显不同，如今也已改变很多；令人遗憾的是，记录其最初状态的照片资料留存下来的十分有限。

进一步研究发现，青岛当地建筑特色主要受气候环境、中国传统建筑和中国其他被殖民统治的海港城市建筑三方面的影响。不过这也带来一个问题，那就是上文所述青岛这些政府建筑，也包括一部分城市设施和私人建筑要彰显的德国租借地风格，是如何通过建筑学上的形式转移而实现的。研究结果将表明，威廉时代这座唯一由德国人从头至尾规划的新建城市呈现出怎样一种形象，青岛特殊的气候条件和中国建筑传统，对当时各类建筑和城市设施的利用及外貌的影响究竟有多大。本书的研究结果只是基于青岛的特殊情况，因而不能推广到德国其他殖民地；其中关于威廉时代租借地建筑艺术特征的讨论只局限于青岛。对迄今尚远未受重视的威廉时代建筑艺术的其他部分领域，本书也将单独阐述和说明。

3. 研究方法

青岛整体建设规划的基本蓝图由帝国海军部设在青岛的规划部门负责编制发布：其中包括一份详细绘制的城市地图、建筑条例和基于特殊建筑功能或用于隔离欧人区和华人区的城市分区图。只有依据这些框架条例，城市开发才可控。1898年秋，在德国占领胶澳将近一年后，土地交易开始正式实施。同欧洲在华其他港口租界城市相比，这种国家对城市建设不同寻常的刚性掌控，是形成青岛无与伦比建筑造型的一大特点，因而将首先予以详细论述。

笔者于1991年11—12月、1994年8月和1995年4—5月，依据现存德占时期所拍摄的建筑照片，按建造时间顺序，对现存建筑进行了系统测绘，作为基础资料。

为重现青岛城市的初始面貌，对无法再现原貌或已大为改观的建筑，笔者一方面使用了一些当时出版物上的图片；另一方面使用了众多公共收藏机构的资料，如科布伦茨德国联邦档案馆(Bundesarchiv Koblenz)的照片集、纽康甫(Hermann Neukamp)捐给慕尼黑巴伐利亚州立图书馆(Bayerische Staatsbibliothek München)的文献资料，弗莱堡联邦档案馆军事馆(Militärarchiv Freiburg)的资料，以及东京日本防卫厅防卫研究所图书馆(Boeicho Boei Kenkyujo Toshokan，Tokyo)和日本外务省外交史料馆(Gaimusho

Gaiko Shiryokan，Tokyo)的资料。最后，还有大量图片资料来自私人收藏。

约尔克•阿特尔特在其著作中已详细介绍了诸如耗费巨大的港口、下水道和防御工事设施，这些胶澳租借地最初几年主要的国家性建设工程，以及相对而言数量较少的工业建设项目，在此不再赘述①。

对那些虽然尚存，但原貌已大为改观，且难以复现的德占时期建筑，这里也不再予以论述。还有一些虽具备当时流行样式，但尚难确切证明建于1914年11月前的别墅和府邸建筑，同样也不纳入本书讨论范围。因此，本书并不着眼于精确再现1914年前的青岛概貌。但由于本书涉及的建筑都极具代表性，所以在目前情况下，那些未被纳入的建筑不会影响本书的结论。

本书将所涉及的建筑以目录形式统一归类。根据胶澳租借地的经济发展情况，这份目录共分三个时间段。每个时间段内的建筑又划分为私人和公有两类；毕竟除了能特别代表租借地政府权力的公有建筑外，那些普通私人建筑也应予以同等重视，唯有如此，才能尽可能公允地评价整个城市建设。为了便于直接比较，或为了方便阐述本研究所涉及时间范围内的某种特定发展趋势，笔者还将书中涉及的建筑按功能和类型加以分类。

本书力求为这些建筑各侧面包括单个楼层的空间布局提供资料依据。某些建筑禁止拍照，或因今天用作住宅、行政或写字楼而未获准进入。这些除了许多从前的私人别墅和商号建筑外，当然还包括今天解放军使用的原第三海军营兵营以及法院、公安局和监狱等建筑。为此酌情使用了保存于弗莱堡联邦档案馆军事馆、东京日本外务省外交史料馆和(当然仅是以复制件形式保存于)东京大学亚洲建筑研究所档案馆中的平面图和剖面图，本书所使用的其他平面图则存于伦敦汇丰银行档案馆。

书中有关青岛房屋建设的资料和档案，全部来自弗莱堡联邦档案馆军事馆中存留的帝国海军部大量行政案卷。这些档案几乎是目前唯一存留的关于当年公有建设项目的资料。不过，笔者未找到从前青岛城建局的案卷，其情况今天可能无人知晓。

1910年前，每年由帝国海军部出版《胶澳发展备忘录》和后来不再出版的年度报告(其草稿作为档案存于弗莱堡联邦档案馆军事馆)，详细报告了胶澳租借地的发展情况，由于要符合宣传需要，导致当时这些出版物的内容如今只能部分用于学术研究。这种情况同样也适用于当时大多数出版物。如当时各报道中对城市设施和个别建筑的评价有时是相互矛盾的，这些内容将在相应章节予以详述。

4. 参考文献

除上述约尔克•阿特尔特的著作外，有两本最新出版的重要著作涉及德占时期青岛的建筑艺术。一本是由徐飞鹏、张复合等编写的青岛篇[②]，1992年出版，收录于汪坦和藤森照信主编的“中国近代建筑总览”丛书中。作者列表选出了建于德国占领青岛至第二次世界大战开始期间的建筑，附有堀内正昭撰写的关于德占时期建筑艺术的文章[③]及一份基督教堂测绘报告[④]。在关于单体建筑的样貌方面，本书首先侧重于纯粹的描述，并未涉及从更宏观的建筑史方面把这些建筑加以关联和分类。另一本是托尔斯滕•华纳(Torsten Warner)在广泛调研基础上完成的著作，论述了19、20世纪之交德国人在中国的建筑创作，也包括了德占时期的青岛建筑[⑤]。他的研究侧重于青岛与中国不同地区间的横向比较，并特别指出建筑条例和土地政策在青岛城市设计中所扮演的角色，但对其所论及区域的青岛整体性建设规划缺少令人信服的统一描述。而且，他偶尔也疏于对使用细节的描述，未适当论及单体建筑的结构形式。

---

①约尔克•阿特尔特著:《青岛——德国在中国的城市和军事要塞(1897~1914)》, 杜塞尔多夫, Droste出版社, 1984年版。

②徐飞鹏、张复合、村松伸和堀内正昭:《中国近代建筑总览•青岛篇》, 北京中国建筑工业出版社, 1992年出版。

③堀内正昭:《德国统治时期的青岛建筑(1898~1914)》, 徐飞鹏、张复合、村松伸和堀内正昭:《中国近代建筑总览•青岛篇》, 北京中国建筑工业出版社, 1992年出版, 第16~21页。

④王润生:《实测报告: 青岛基督教堂》, 徐飞鹏、张复合、村松伸和堀内正昭:《中国近代建筑总览•青岛篇》, 北京中国建筑工业出版社, 1992年出版, 第23~31页。

⑤托尔斯滕•华纳:《德国建筑艺术在中国——建筑文化移植》, 1994年柏林出版。

目 录

第一章 历史背景

1. 东亚地区和中国作为19世纪帝国主义列强的扩张范围

欧洲列强在19世纪80年代几乎全部瓜分完非洲后，便把东亚区域视为其利益所在。早在17世纪，荷兰的东印度公司就控制了今印度尼西亚大部分地区；19世纪初东南亚沿海区域已出现第一批英国的海峡殖民地。以此为起点，在19世纪中叶后马来西亚也被英国占领。19世纪60年代以降，法国军队渐次占领了今柬埔寨和越南南部地区，1887年把整个印度支那区域连同今老挝组成法国殖民帝国的印支同盟。为了掠夺矿藏与农田，欧洲列强通过建设基础设施的方式，控制了中国沿海地区大片土地。

从1644年开始的清代，中国版图较明代扩大，在经历了17、18世纪的经济和文化繁荣后，自19世纪开始走下坡路，短时间内便出现严重经济危机。在此期间，民间开始与西方商人进行广泛贸易(原文如此——编者注)；中国政府则通过特许商行垄断(原文是禁止——编者注) 西方产品的官方进口。因中国商品——这里主要指茶——通过中间商 (买办)交易手续烦琐，且必须以白银支付，所以不久便在广州城附近的华南沿海地区出现非常猖獗的商品走私。不同于欠发达的东南亚地区，中国不仅作为可能的原料供应商十分重要，而且因人口众多，其市场也对未来欧洲工业品的销售具有特殊意义。

1840年，西方列强用武力迫使中国“开放”沿海口岸用于国际贸易，在这些地方设立享有治外法权的外国租界进行通商。领土割让始于香港岛，1842年英国在此建立殖民统治，它因中国在鸦片战争中战败而不得不割让给英国。由此导致日后各殖民国家私下协商以所谓划分相关势力范围来瓜分中国：法国在印度支那附近威胁中国西南各省，香港与上海之间的东部沿海地区则属于英国的势力范围，俄国从北而来的扩张则危及满洲和华北平原。作为亚洲唯一的帝国主义强国，日本对华北沿海区域虎视眈眈，并在1905年对俄战争胜利后，也开始参与瓜分满洲和华北。

德意志帝国，或其建立前的北德联盟和普鲁士，虽然在英国支持下已部分获得在华特权，不过自19世纪90年代起却想专横地以大国姿态参与对中国的蓄意瓜分[①]。自1895年起，德国皇家海军一支巡洋舰分舰队已游弋于东亚水域。1897年这支舰队改由阿尔弗雷德•冯•梯尔庇茨(Alfred Tirpitz)率领，他后来成为帝国海军部的国务秘书。该

图1-1 胶澳租借地地图

①参见米夏埃尔•弗勒利希《帝国主义：1880～1914年间德国的殖民和世界政策》，1994年慕尼黑出版，第42-43页。梯尔庇茨具有深远影响的地位，参见其《回忆录》，1920年莱比锡出版，第61～78页。另见米夏埃尔•萨勒夫斯基《论梯尔庇茨的地位》，载《梯尔庇茨》，1979年哥廷根出版。

舰队在中国沿海有权停泊在中国的和由英国或日本占领的港口。几年后德意志帝国便开始谋划在中国沿海寻找一处合适地点，以香港为样板，为其在华设立一个海军和商贸租借地，并以之为基地替德国工业品开拓新的市场，而其腹地也有煤矿为帝国海军舰船供应燃料。

2. 占领青岛[①]

1897年11月14日，在一次佯装的登陆演习中，梯尔庇茨的继任者海军少将棣德利(Otto von Diedrichs)率领东亚巡洋舰分舰队士兵占领了胶州湾东部出海口——青岛。德国海军看中了胶州湾全年不冻不淤的特点，以及其腹地蕴藏的易于开采的煤田。另外，更重要的是当时还没有其他大国对占领该海湾有兴趣。前海军少将，自1897年起担任帝国海军部国务秘书的阿尔弗雷德•冯•梯尔庇茨违背海军总司令部的意愿[②]决定选择占领胶州湾[③](图1-1)。胶州湾湾口以东约500平方公里土地被占领，当时这里只有几个小村庄，没有多少中国百姓居住。因土地贫瘠，农业收成甚少，大部分居民以捕鱼为生。清政府刚在此处设立总兵衙门和军事要塞。距离此处最近的州县是设有城墙的胶州，因其码头淤塞尚未被其他列强侵占，所以此处海湾和后来的德国租借地均以“胶州”命名。沿岸附近大部分耕地土层受海水侵蚀，秀美的自然风光下却布满花岗石岩层，少数河流也并非全年有水，其自然环境和地质构造也不利于后来的基础设施建设。

①至于范围这里只能谈及一些最重要的数据和情况，其来历和占领的进一步细节源于：李希霍芬著《山东及其门户胶澳》，1898年柏林出版；乔治•佛朗裘斯著《胶澳地区——德国在东亚的攫取地》，柏林1898年出版；罗尔夫-哈拉尔特•维庇希著《日本和德国的远东政策(1894~1898)》，威斯巴登1987年出版；薇拉•施米特著《1898~1914年德国在山东的铁路政策——德帝国主义侵华史论文集》，威斯巴登1976年出版，第34~64页；刘善章著《德国租借胶澳及其在山东势力范围的形成》，载：郭恒钰编辑出版的《从殖民政策到合作——中德关系史研究》，慕尼黑1986年出版，第35~62页；最重要和最全面有关胶澳租借地的资料来源是由德国罗梅君编，余凯思整理的资料集《模范租借地胶澳地区：德意志帝国在华扩张——德中关系(1897~1914)》，柏林1997年出版。

②首先参见：施米特著作51~58页。另见：赫尔穆特•施丢克尔《19世纪的德国和中国——帝国主义的入侵》，1958年柏林出版。以及施瑞克《帝国主义和中国民族主义——德国在山东》，哈佛大学出版社，1971年出版。

③参见梯尔庇茨著作61-62页。也见米夏埃利斯《胶澳地区价值何在？》，1898年柏林出版。

第二章 青岛城市开发建设的前期准备

为了能按照具有精确比例尺寸的地形图规划开发胶澳地区，在中德《胶澳租借条约》签订后不久，德国海军便开始测量“租借地”。首先必须确定港口和拟建城市的位置。占领区人口稀少，居民大部分以捕鱼为生，集中居住在靠近海边的几个小村子里。因过度的农业开垦和滥伐山林，沿海边大部分地区受到严重侵蚀，到处都是深深的沟壑，几乎没有植被。

拟新建城市必须满足各种功能：它既是总督办公所在地，也是德国人居住的地方，同时也是德国海军驻地。另外，作为一座能提供经济发展的商贸城市，这里还需建设一座极具效率的港口，在其附近要留有足够土地，以便转运欧洲和中国内地的商品。为提高对富有人群的吸引力，需要设立别墅区和居住区，至少要达到德国城市近郊的标准，并且必须具有完备的卫生条件。这是出于防范传染病的要求，也对周边中国百姓居住地提出了同样要求。距居住区和工作区一段距离外的位置可设工业用地。鉴于香港和上海的经验，未来青岛的城市布局必须适当考虑预期的增长。

规划有意识地对照德国其他殖民地和欧洲其他在华港口租界城市的建设，为防止增长失控和土地投机，德国占领者详细规划了拟建城市。其中最重要的举措是出台土地条例，该条例涉及日后土地出让和房屋建设的有关内容，1898年年中拟定的城市分区和功能区划图开始实施，并在此基础上形成了未来的建筑条例和总督府房屋工程局监事会。城市总图的形成、建筑条例和土地制度的制定彼此制约且紧密关联。它们受同一动力激励，一定程度上源于同一理念和规划者。只有在建筑条例和土地制度生效，并在城市规划图制订后，才有可能出售地块。1900年6月14日颁布《拟定德属之境分为内外两界详细章程》[①]，这里对其不另做探讨，主要规定华人和欧人共同生活的场所，在欧人区只允许“为仆人和在该处永久居住的欧洲人建有限数目住房”。[②]因此，欧人和华人居住区基本上实施隔离；不过，华人居住区内一开始也有欧洲人居住。因此该项规定只坚持在欧人区中贯彻实施；辛亥革命后，自1912年起，由于中国名门望族的迁入，此项规定得以放松。

在建设过程中，德国人拆除拟建城区中所有原中国人村庄，但其后并非——如部分其他中国港口租界城市中通常做的那样——将原住民安置在原址，而是将原住民迁居到新的、部分是临时建造的居民区或原本就是为安置华人而建的城区，这些城区也同样符合高标准的卫生和安全要求[3]。新建措施和拆除并行，占领青岛后不久，德国人开始在拟建城市及周边实施大面积绿化工程，包括种植行道树，以恢复占领初期周边砍伐殆尽的森林，树立城市的新形象。除了保护土地免遭冲蚀并植树造林外，德国人还设立了“绿肺”，作为有益健康状况的疗养地。其背后的根本动机源自一种美学观点：即城市近郊的树林将赋予城市周边以家乡般田园风光的特色。

1. 城区图

占领青岛后，德国人全面评估了租借地的地形环境，在此基础上，才最终确定了未来城市的精确位置和城区图形状。新城拟建在紧靠海湾东侧的岬角位置，向南对着前海，向西指向胶州湾，该方案很可能早在1898年初就已确定了[4](图2-1)。

德国海军从1898年5月中便开始测量整个地区[5]。大约在1898年初夏，由当时的建港总监格罗姆施(Georg Gromsch)会同退休的政府建筑师马根斯(Magens)[6]——他是广包公司(Baufirma F.H.Schmidt)的全权代表兼胶澳及其腹地经济开发工业辛迪加

---

①行文是谋乐(F.W.Mohr)所编《法令大全》第22~29页。直译为“青岛市区中国人条例”。——编者注

②同①，“青岛市区中国人条例”§10，第24页。

③这项强制剥夺在当时的文献中——有时难以置信——被称为“全部买下中国人村庄”。例如有报道说，中国村庄青岛的部分早在1899年雨季开始前就应“清除掉”，并且“应把大鲍岛作为该地的中国人居住之地”。参见《德华汇报》(DAW)第21期(1899年4月20日)，第1页。事实真相细节很难说。参见单维廉《胶澳的土地制度是如何产生的》，5~9页。另见弗兰茨•克罗奈克尔《胶澳15年——一项租借地医学研究》，1913年柏林出版，第1页，以及弗里德利希•路特魏恩(Fiedrich Leutwein)《胶澳》，载《德国三十年殖民政策与世界政治比较及展望》，柏林，1922年出版，第237~257页，这里为第282页。

④事前也曾考虑过，把城市直接建在计划中的胶州湾港口旁。参见1898年度《胶澳发展备忘录》附录1。“对于建设一座城市而言，看来从崂山山脉至胶州湾顺势而下连绵的丘陵余脉是最理想的选址。无论是对着胶州湾内的西侧还是东边对着大洋一侧，在缓缓而降的山坡旁都可以找到两块彼此完全分离、适于城市建设的优良地带。”见克罗奈克尔著作第7页。

⑤莫里茨•戴姆灵，《胶澳租借地最初两年的发展》，载德国殖民地协会柏林-夏洛滕堡分会1899/1900论文集第43~66页，这里为第49页。

⑥参见《德华汇报》第7期(1899年1月7日)第2页和《德华汇报》第21期(1899年4月20日)第1页。

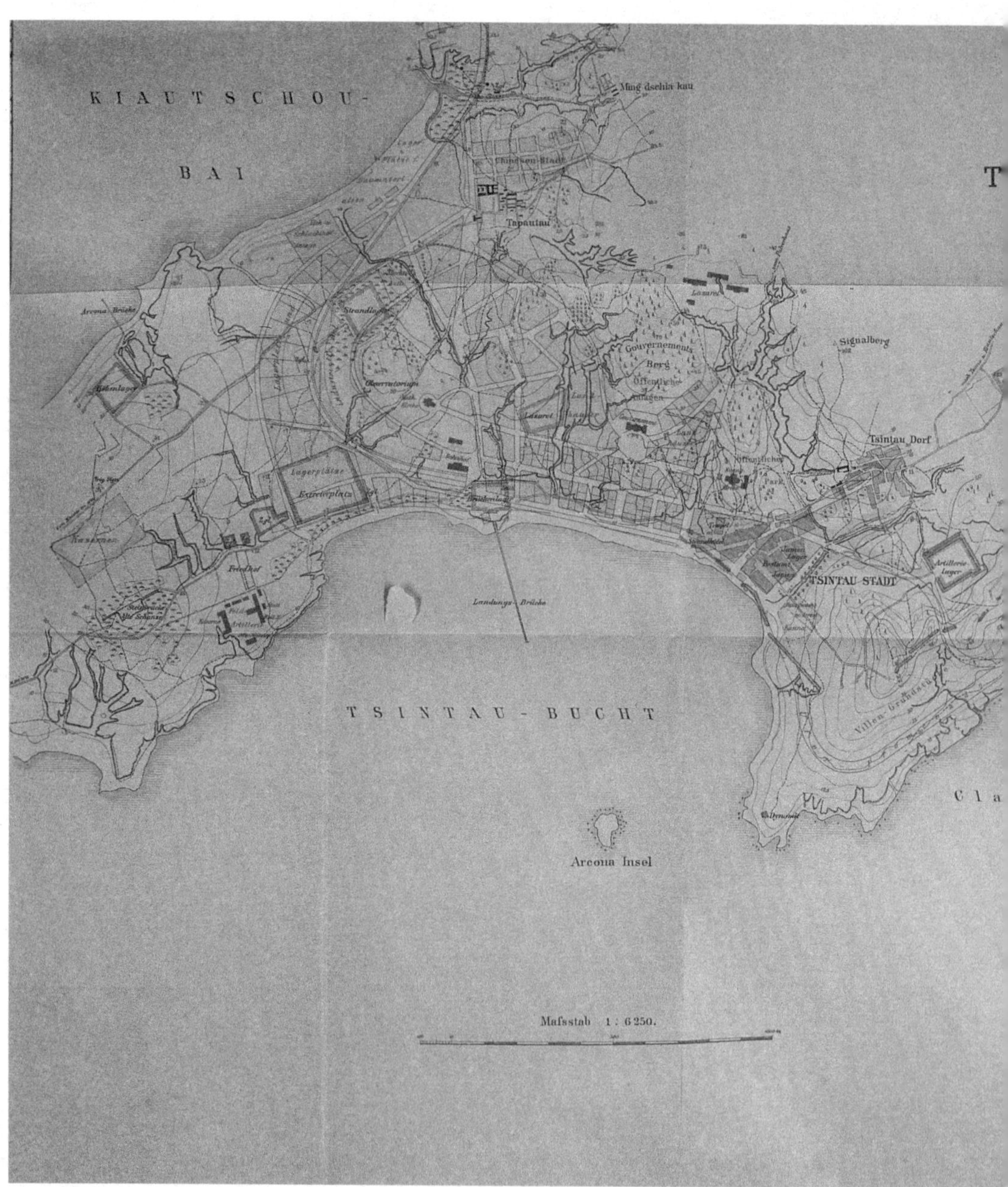
KIAUTSCHOU-
BAI
Ming dschia kau
Tapautau
Signalberg
Gouvernements
Berg
Tsintau Dorf
TSINTAU STADT
Landungs-Brücke
TSINTAU-BUCHT
Arcona Insel
Maſsstab 1 : 6250.

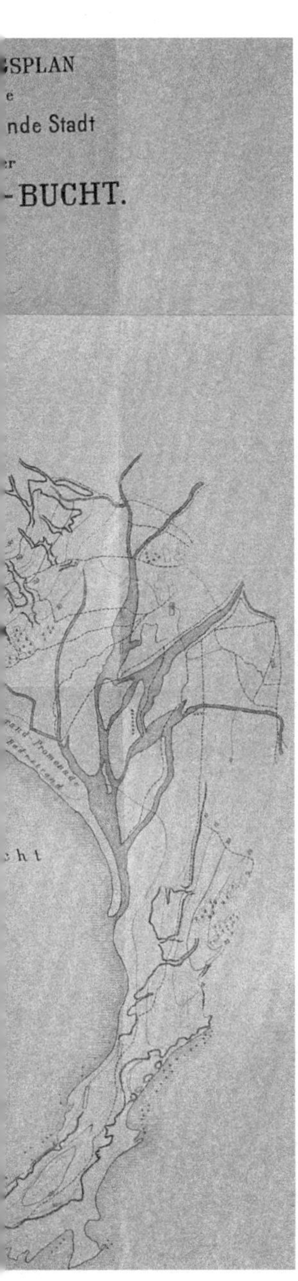

图2-1 青岛湾畔的新城规划

的全权代表——拟订的临时城区图[1]，同年9月，城市建筑师克诺普夫(Knopff)到达租借地后对临时方案做了进一步修改[2]。修改后的版本，大部分仍遵循格罗姆施的临时城区图。方案获批后，1899年4月由帝国海军部公示[3]。由于早在1898年秋便已出售地块，下水道建设工程于1898年10月就已开工[4]，克诺普夫并未对这部分方案进行修改。

规划方案规定了街道走向，因对地形考虑不足，德国人不得不在受强烈冲蚀形成的光秃秃沟壑地带大量平整地形，耗资巨大。

居住区建在一座山南坡面向大海的开阔地带，该区域与海边长廊一同构成了供欧人使用的商住区。以今中山路北段、中山路南段这两条路南北相连，是连接海边长廊和计划中的胶州湾畔大港的最重要通道，并把城市中最重要的各部分彼此串联起来。今中山路南段以东规定建设行政管理大楼、商住楼以及——直到新港口对外开放——商贸分号。北边中小店铺区，与今中山路北段相接；今中山路北段以东是大鲍岛，这里被规划为华人居住和商业区。再向北则是规划中的港口区，大鲍岛与新港口相连，方便

①1898年公布的《胶澳发展备忘录》，附件5；《德华汇报》第21期(1899年4月20日)第1页。格罗姆施原是给排水工程部负责人，后来由于城市建设中总督府行动迟缓受到各方批评，而原定负责此项工作的城市建筑师克诺普夫，由于健康原因1898年8月才到达青岛，他被委以制订城区图之任。参见《德华汇报》第3期(1898年12月10日)第1页。

②为这块居民区(欧人城区)取了老衙门所在村庄青岛的名字，原拼写为“Tsintau”。1899年10月12日的一项皇家公告，为胶澳地区这座新城市规定了青岛(Tsingtau)的名称，它更接近中文名称发音。参见谋乐《法令大全》第22页。

③参见《德华汇报》第25期(1899年5月25日)第2页。

④参见《德华汇报》第19期(1899年4月5日)第1页。规划(实施)的推迟部分归因于“建筑管理部门几乎所有下级职员都病了”。参见《胶澳地区的建筑》，退休政府建筑师D.H.马根斯在1899年10月13日汉堡建筑师和工程师协会所做的一个报告。见《德国建筑报》第20期(1900年3月10日)第121～126页及22期(1900年3月24日)第134～140页，这里见第126页。

商贸公司在此落户。不过，这些区域——直到德国殖民统治结束尚未完全入住——街道的确切走向要到后来才做规划。方案中还将新建台东镇和台西镇两个纯粹供华人劳工生活的区域。台东镇位于大鲍岛东北约2公里处，而规模稍小一点的台西镇则位于欧人商业区以西约1公里处。此外，方案中还在距离欧人居住区以东约2公里的今汇泉湾一带拟建一处高档别墅区。根据所处位置的不同，城市各部分都被赋予了特定用途：在东边，优先服务欧人居民的地块，都朝南正对开阔的大海。华人的商业区、港口区、居住区则因靠近胶州湾而深入陆地。这样一来，便为后续扩展和新的功能预留了空间(图2-2)。

与华人区不同，欧人区规划引入了城市的艺术设计理念：几座中心建筑位置，都选址海拔较高处，在规划总图中被确定为“城市之冠”[①]。对从海上乘船而来的旅行者而言，这座城市留给他们的第一印象就是位于总督府山(今观海山)半山腰的总督行政管理大楼(简称“总督府大楼”)，那是当时城市建设中的制高点。在其上方山顶上没有规划任何建筑，这座建筑与周围住宅建筑融为一体[②]。天主教堂作为城市剪影的重要元素，被规划在介于欧人区和大鲍岛之间丘脊的位置，一眼便可认出。

1899年初，德国人开始对街道命名。欧人区除选用德国皇室，如威廉皇帝、亨利亲王和依雷妮王妃的名字命名最重要街道外，也选用了“占领胶澳地区时掌权的那些最显赫王公贵族”的名字来命名街道[③]。此外，帝国海军部领导人的名字及德国城市的名字也被用来命名。原则上，首先使用德国海港城市的名字来命名，“其次(亦即在港口区)再使用那些对胶澳租借地有特别贡献者的名字，根据位置、性质和方向命名。在华人区大鲍岛的街道，则使用中国城市、省等名称命名”[④]。

部分在商业区以上山坡位置，围绕总督大楼的道路(今沂水路、德县路、江苏路，西界的今安徽路，南界的今湖南路或今广西路)，遵循等高线规划，并通过曲折蜿蜒的街道走向呈现如画的风景。沿这些道路两侧，被规划成欧人城区的居住区。通过街道与总督府大楼的对称和定位，该处被设计成典型的巴洛克式城市平面。沿今广西路、今中山路南段和今太平路两侧，规划为欧人商业区。今安徽路以西至铁路的另

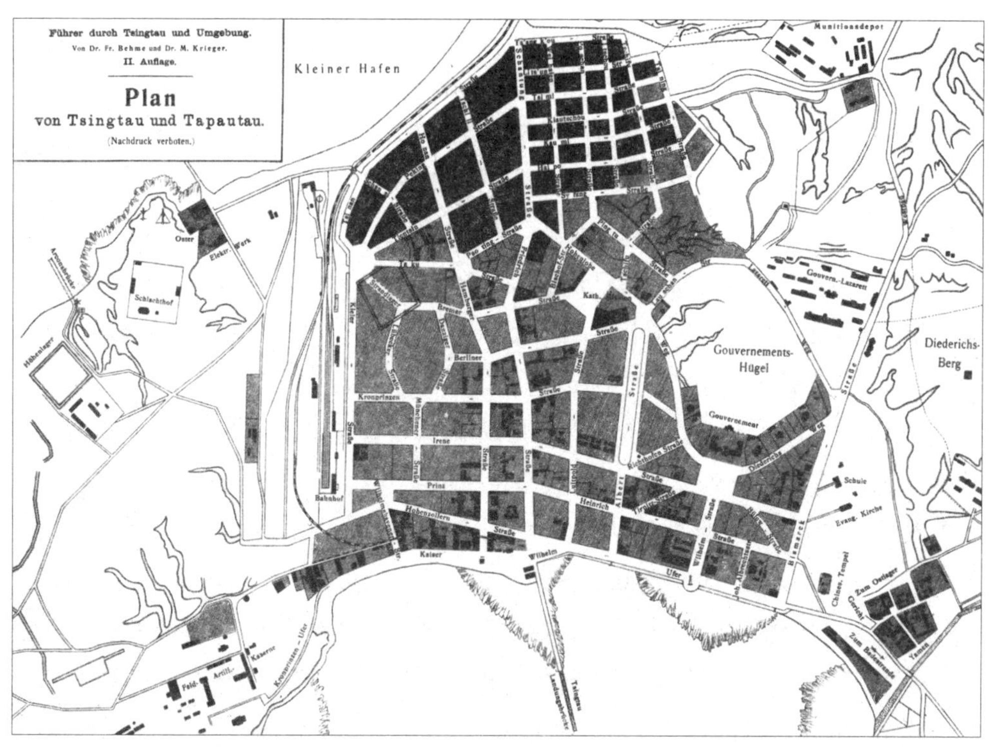

图2-2 青岛与大鲍岛规划图(1904)

外区域，既可作商铺也可作住宅。今中山路南段与火车站之间起初是直角形规划的街道网格，后为警察局而特意改为六边形，以方便从各个方向抵达，其中设有消防队大楼。1904年大港开港前，今中山路南段以西直到居民区的沿岸区域均用于商贸公司，“青岛栈桥”作为今中山路南段向南延伸到海中的堤坝，被用作驳船停靠泊位，因吃水深度不够，大船难以在该处靠岸停泊。

① “对于大型建筑(教堂、总督府、野战医院、观象台等)，则通过高度和位置选择了特别好的位置”，见《胶澳发展备忘录(截至1898年10月)》，第14页。

②后来，在信号山南坡建总督官邸时遵从了同一原理。北边的，亦即总督府上方街道，只是在1912年后才在城市扩建过程中予以开拓。这里，城市的平面布置已受到普遍批评，因此在扩建时，不再考虑1898年的建房理念。参见别克曼(Bökemann)：《青岛城市建设》，载《殖民地月刊》11(1913)第465～487页，471—472页。

③、④参见《德华汇报》第17期(1899年3月22日)，第1页。

原中国老衙门位于今江苏路以东，通过今太平路与欧人区相连。在德国租借结束前，这座按中国传统院落体系建造的官署[①]，经临时修缮，一直用于安置胶澳总督府的各行政机构，尽管也曾考虑将其预留作为城区东扩中城区接合部的空间。老衙门位于从前的青岛村中，除天后宫外全村拆除，村民也被迁走。(欧人)城区以东约2公里，在靠近今汇泉湾一带规划建立别墅区[②]。起初，该处道路走向规划比较灵活[③]：明显有别于其他城区的道路走向。通过转弯和高低错落蜿蜒曲折的上坡，道路布局生动活泼，如画的景象与别墅区气质相匹配。可能出于经费原因，1900年以后的道路，基本上与城市区域保持一致。

华人区中街道结构采用典型的网格化设计，只考虑功能和实用[④]。大鲍岛与欧人区被一条山脊隔开，两地在大沽路相接[⑤]。

大鲍岛位于今中山路北段以东，今中山路北段是今中山路南段向北的延长线。街道布局呈小块方形网格，考虑到未来将在大鲍岛西边兴办小工业和手工业，因而那里的街道网格被规划得大一些。考虑中国人的居住习惯，则以小块网格规划居住区，并建有带内院的房子，类似情况在上海的华人居住区也广为分布[⑥]。大鲍岛北界一条狭窄工业区带，因该处分布有黏土资源，早在胶澳被占领后不久，便在此处开办了数家砖瓦厂(图2-3)。

台东镇是更大规模的华工居住区，德国人在该区域采用中国式的网格布置；不过基于卫生方面考虑，将所有建筑传统的南北朝向扭转了45°，以便夏季通风除潮[⑦]。此外还可规避冬季街道上的穿堂风，减弱凛冽北风的侵扰。中国村镇里并不多见的宽敞街道也有利于新鲜空气流通。台西镇的建设与此类似，但在细节上略有差异。该处未建全新的居民点，而是部分采用了原小泥洼村的居民点布局[⑧]。

根据不同功能和社会特征，各个城区的街道布局都做了单独设计。青岛效仿其他租界城市，如上海的规定，实施了将欧人和华人严格隔离的措施，这一点也体现在城市建设中：位置较好、街道形态美观的城区，留给西方主要是德国居民。为占人口大多数的华人则规划了相应的城区，某种程度上也考虑了中国人的居住需求及其习惯。不过，根据总督府要求[9]，在确保卫生安全的前提下，例如通过拓宽街道对其进行了改良。

在规划用途明确的地区，相应的城市建设渐次展开；行政管理中心位于整个城区中心，周围经过绿化，并建有松散的住宅，但它不是商贸和交通中心。城市生活无疑显现于为之设定的不同区域；因此，不应认为青岛的规划是传统德国城市类型的翻版(复制)，而是依据当地特点建立的一种全新的、在德国也不曾有过的城市类型。1890年代在德国实施的分区原则，即便并非普适，作为青岛城市布局的基本原则[10]得到贯彻落实。这份城市规划尽管在1910年后被指摘为死板和陈旧，但不能否认其在规划之初的新颖和与时俱进。虽说早在1902年就已制定了道路工程的平整规划，但在四处坑洼、岩石遍布的地形条件下，实施难度极大，代价高昂，所以道路建设和下水道工程的进展缓慢，旷日持久[11]。

①至于晚清时期部分错综复杂衙门体系的功能和建设请参见约翰•R.瓦特的文章:《衙门和城市行政管理》，载施坚雅主编《中华帝国晚期的城市》一书，斯坦福大学出版社1977年，第353～390页。

②当时还叫克拉拉湾，以中国人事务专员单维廉夫人的名字命名。大约1900年始改称奥古斯特•维多利亚湾。

③有关街道走向请参见1899年度《胶澳发展备忘录》，附件6。然而后来实施的街道走向则简单得多，更简化了。参见地区图，联邦档案馆军事馆案卷RM3672424。

④事实上“华人区”大鲍岛起先只是因德国人缺少住宅才居住的。无论是因地价便宜还是因为对欧人区建房有特别规定，这里的廉价住宅很快拔地而起。

⑤弗里德利希大街及山东大街以东，最初在位于德县路和平度路之间的山脊高处被规划为非建筑区域，隔离两个城区。最初四方大街是大鲍岛南界(参见1899年度《胶澳发展备忘录》附件6)。实际上在移民过程中这些地方因大鲍岛迅速扩大而建满房子，以致这两片城区1905年后不久就连起来了。弗里德利希大街及山东大街以西，优先规定为小工业发展地区，在平地上从未严格将两个城区分开。

⑥参见江似虹和尔冬强著:《最后一瞥——老上海的西洋建筑》，香港1993年版，第12页。

⑦参见华纳博士论文第201—202页。

⑧参见“胶澳地区建筑物略图”，载《德国建筑报》20(1900年3月10日)，第124页。

⑨“这无论是对于便捷交通还是对于卫生和美学都做了全面考虑。”G.郭尔特伯格:“胶澳地区在其属于德意志帝国期间的技术发展”，载于《殖民地政策、殖民地法律和殖民地经济杂志》8(1910)，第587～599页，这里为588页。

⑩同前。

⑪参见《德华汇报》第51期(第4卷)1912年12月19日。

TSINGTAU MIT UMGEBUNG
MASZSTAB 1:10 000
STAND DER BAUTEN AM 1.OKTOBER 1906
GROSZER HAFEN
Kleiner Hafen
INNEN-REEDE
AUSSEN-REEDE
Augusta-Viktoria-Bucht

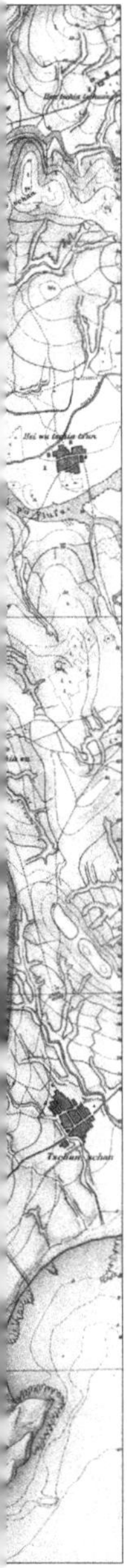

图2-3 青岛(含郊区)地图(1906)

2.(暂行)建筑条例

1898年10月11日,《胶澳总督府城市建筑暂行管理规定》正式颁布[①]。在城市总图中已可见到的区划情况,在各城区的不同法规中也能见到[②]。与德国本土一样,对建筑安全、防火和卫生的要求是所有规划中的主要内容,而对建筑外观的规定反居次要地位:"建筑外观,必须与其所处城区特点相适应。"[③]在1898年9月22日"第一次土地出售的布告"中,第3条对各城区特点有更详细描述:"码头区规定用来建设欧人商号、宾馆,第一条平行街道用于建设欧人商铺,第二条平行街道以北建设别墅式住宅,栈桥营房以西建设仓库和栈房,华人区的大鲍岛地区、海滨营房以北广场,用于建设工业企业等。"[④]在其规定区域内,所建建筑应保持适当外部造型,但未作更详细规定。其余规定仅限于建筑用途或类型,不作风格限制,只做安全规定。如基于防火要求,在"开放式或封闭式建筑的建设用地范围内",半木结构只可用于小的侧房和辅助用房,屋顶必须使用防火材料。沿街建筑立面必须沿基线或与之平行来建,各地块最大建筑密度60%,最高许可檐高18米,住宅楼许可最高可建三层[⑤]。在关于乡村别墅的建设用地中规定,建筑密度最大20%,其中街角地块可达40%,永久居住使用的建筑高度只被允许建到两层。门廊可例外,允许使用木材建造,但基于防火要求,半木建筑之间必须预留足够间距。出于建筑安全和卫生,对华人区所做规定值得特别注意:最大建筑密度75%。特别强调禁止使用当时通用的黏土围墙,层数最高两层(中国标准的三层)的直接相邻建筑,必须加设防火墙,防火墙高度应超出屋脊线。房顶不许使用麦秸和芦苇等建筑材料。所有居住房间不得小于5平方米,室内净高不得低于2.7米。屋内地面低于街道路面的房间,不

①"建筑条例"条文见谋乐编纂的《法令大全》第206~209页。该条例直到日军攻占青岛前一直适用。

②这些规定(细则)分为:a."总则",b."对为开放式或封闭式建房保留的建房区的规定",c."对为适用乡村别墅建房区保留的建房区的规定",d."对中国人城区的规定"。同前。

③、④参见"总则"的§1",载《法令大全》一书第206页。

⑤中国标准的四层。——编者注

得出租住人。这些规定对大鲍岛和中国劳工居住区的卫生及建筑安全特别重要。

建筑条例的基础是分区、保证建筑安全和卫生条件。该条例保证所有区域，尤其是大鲍岛，相对较低的土地利用度，避免了居住环境的高密度，它既事关卫生问题也涉及安全问题。这些为大鲍岛和中国劳工居住区制定、远高于德国本土大城市“居住营房”标准的安全措施，确保生活在其他城区的德国人免受火灾和瘟疫之害，既有助于保持整个城市面貌整洁，也可防止城市出现贫民窟。在体面、卫生和管理方面，让青岛成为中国港口租界城市的榜样。

3. 青岛的土地制度

1898年9月2日，《关于德属胶澳地区购买土地的法令》[①]生效，单维廉(Wilhelm Schrameier)起了重要作用。早在1885年，他就作为外交事务翻译供职于中国的许多城市(北京、香港、广州、上海)，并在胶澳租借地内负责土地分配工作(胶澳行政当局对所有地产享有优先购买权)。在拍卖相应地块前，有意购地者须先向当局提交土地用途说明申请，方可参与竞拍，并仅限于在申请中指明的地块[②]。拍卖后最迟五年内需破土动工。土地转售同样要获得总督府批准，后期将定期重新评估地价，较原始地价增值的一部分用作物业税，向胶澳行政当局缴纳[③]。为保证尽快建房，对空置地块每年双倍征税。转售时需缴纳三分之一土地增值税。在中国劳工居住的台东镇和台西镇，则实施另外一套修改过的建筑继承权法，这些地块只租不售[④]。

这项土地制度保证了地上建筑工程迅速开建，总督府可监督建筑工程的全部细节。最重要的是，该制度抑制了土地投机，这是管控胶澳租借地发展风险的重要条件。这项措施史无前例，保证了租借地在这一时期持续发展，后来也影响了德国土地改革者联盟，但在德国却并未被采纳。

不过，这项制度自然也有其消极一面：由于每个地块单独拍卖，造成相邻地块难以统一购买，进而导致部分土地出现不合理抬价。与其他港口租界城市相比，购地和兴建私人住宅非常困难，至少在最初几年里，许多人都决定临时以租代购，造成房租恶性上涨。[⑤]

4. **总督府的规划主管单位：城市建设管理局**

为规划和实施青岛的建设工程，帝国海军部发布了招聘建筑师、工程师、建筑秘书、建筑监理等职位的广告，他们后来构成了青岛租借地建筑管理部门的基本成员。其目的是独立负责青岛的城市建设工作。先由帝国海军部建立一个建筑管理机构，随后逐渐摆脱对德国国内负责机构的(技术)依赖，但在体制上还受其领导。在德国本土招聘、占据领导岗位的建筑师另外也要对帝国海军部负责；派驻青岛房屋建设管理局工作人员的晋升和职位分配则要在当地确定，由帝国海军部批准⑥。早在1899年初负责青岛建筑的机构由两个部门组成。部门Ⅰ负责规划和港口建设管理，由建筑总监格罗姆施领导。政府建筑工程师克诺普夫领导部门Ⅱ，主管房建。该机构自1902年夏起，归总督府直接领导并改编扩大，除了仍主管港口建设的部门Ⅰ外，由政府建筑工程师席沃特(Sievert)主管部门Ⅱ，负责城市地下工程(道路建设、下水道、自来水)。增设部门Ⅲ，负责建筑监管和所有房建，该部门由政府建筑工程师施特拉塞(Strasser)领导⑦。

皇家总督府本身也设有建筑管理部门，负责国有建筑项目规划⑧。

除上述非军方背景工程师外，当时驻扎青岛的军事建筑工程师也参与了诸如街道建设等的一些民用建设项目。

---

①单维廉著《胶澳行政——胶澳地区的土地、税收和关税政策》，耶拿1914年出版，第1～72页，主要见24～46页；马维立《单维廉与青岛土地制度》，载《山东和青岛史研究及原始资料汇编》第2卷，1985年波恩出版。

②总督府自己保留公共建筑、街道、造林等用地。“其余土地则可供私人购买。对土地的分配(原则)则考虑，土地是否用于建设公共利益的设施或经济企业如铁路、私人船厂、工厂和教会等。在这种情况下，土地会部分无偿地，或部分仅以名义的买价提供。”见马维立《单维廉和青岛的土地制度》，载郭恒钰等编《德中关系史文集》1986年慕尼黑出版，第33～65页，这里为第50页。

③税率为6%，对这种税而言它已异常高了。相反——除养狗税和狩猎税外——青岛不存在其他直接税。参见马维立《青岛和台湾地政的关系》论文，载《社会经济学杂志》94(1992年9月)，第29～36页，这里为30—31页。

④马维立：《单维廉和青岛的土地制度》，载郭恒钰等编《德中关系史文集》，1986年慕尼黑出版，第33～65页，这里为第50页。

⑤参见莱奈•法尔肯伯格文《路易斯•魏勒的中国来信(1897.12～1907.8)》。《青岛开发和山东铁路修建资料》，载郭恒钰等编《德中关系史文集》，1986年慕尼黑出版，第113～134页，这里为116—117页。

⑥帝国海军部阻挠总督府的这种决定一事，从未听说过。

⑦参见《德华汇报》第35期(1902.8.27)第3页。施特拉塞和席沃特自1900年4月在这个建筑部门工作。参见《德华汇报》第19期(1900.7.8)第2页。施特拉塞偶尔不在时，其工作由政府建筑工程师马尔克(Mahlke)接管。参见《德国之角》10(1984)第17页。

⑧格罗姆施1900年夏被任命为港建总监，参见《德华汇报》第35期(1900.7.29)第2页。1902年5月他担任总督府建筑部门负责人。参见《德华汇报》第22期(1903.5.28)第2页。

就城市规模来说，虽然当时的建筑管理部门人员已非常充裕，但仍不可能覆盖建筑师所有的业务范围。所以，除了在管理当局工作的建筑师和建筑工程师(他们在其官方工作外也接受私人委托)外，当时青岛还有大量自由职业建筑师和建筑企业，为私人建筑设计提供服务。

5. **创办建筑工业**

为了城市、铁路和大港的建设，必须在当地组建和创立能为整个建设活动供应材料的建筑工业。在青岛被占领前，当地没有中国自己的建筑企业，直到1900年前后，在建筑活动显著增长过程中，越来越多的企业才来到这里[①]。从1898年起胶澳总督府就曾力图吸引那些早已在中国经营的建筑企业迁来青岛[②]，不过最初效果并不明显。为了培训中国工人，总督府自己设立了一个建筑材料堆场[③]。1899年初，汉堡-阿尔托纳广包建筑公司便已在青岛成立分公司，旗下工程师和领工也已在青岛工作，最初主要承担街道建设和私人建房业务。同年底，该公司就已雇佣了5000名华工[④]。到1914年止已成长为青岛最大的建筑企业，并同总督府建立了十分紧密的联系。

1899年，为满足欧人和华人建设急需的住房，房建当局与上海的祥福洋行(Snethlage & Siemssen)签订了合同[⑤]。1900年后除了在大鲍岛、台东镇和台西镇承揽工程的大批中国企业外，其他德资建筑企业还有德远洋行(Kappler & Sohn)、保尔•弗里德利希•李兮德公司(Paul Friedrich Richter)、毛利公司(Franz Xaver Mauerer)、贝泥各公司(Bernick, H. & Pötter)等，这些企业多成立于青岛。通常固定聘用德国建筑监理和经过培训的中国建筑工人，不过也会根据需要，临时雇用一些未经培训的中国日工(苦力)。华人劳工人数众多说明当时劳动报酬很低。这些公司除承揽施工业务外，也提供图纸服务。虽然这些企业在私人订单上彼此竞争，但在承揽总督府的政府订单时却时常联手。

自青岛附近采石场开采的石料建材和中国传统的黑色砖瓦，是占领青岛后当地唯一的建筑材料。由于这些砖瓦不符合建筑工程师的质量要求[⑥]，根据总督府要求，捷成洋行(Diederichsen,Jebsen & Co.)在大鲍岛以北建立了一座蒸汽砖瓦厂，按西方标准生产砖瓦⑦。随后在黄岛又建了第二座大型砖瓦工厂。此后，许多中国本土砖瓦厂纷纷成立。不过直到19、20世纪之交，青岛仍需从中国其他城市购买建材，最初部分建材甚至需要从德国国内购买⑧。后来的建筑公司也成立了自己的石灰窑场并开辟其他采石场。不过，像木材、窗玻璃等建筑用材和卫生设备，直到1914年前都必须进口。

6. 建筑造型的样板和取向

青岛和大鲍岛的建筑工程主要由德国建筑师和工程师负责，从与19、20世纪之交德国本土建筑艺术的直接联系上，就能证明这一点。

在胶澳租借地，只有很少几栋本土建筑物可被用作未来城市建筑的设计样板。因此，其他情况下西式建筑中出现的个别中国元素，例如屋顶形式或木制门廊，很可能出自中国建筑公司之手。

---

①"至于中国的小企业主，情况较前一年稍有改善。这些企业主从其他地区迁入，已就个别工程与之达成可接受的计件工资协议，而建筑行政部门此前或多或少对工程支付日工资。" 1899年度《胶澳发展备忘录》第27页。

②"这个时期胶澳来了几家建筑企业，根据了解的情况，尤其建筑工程只有少数中国人可用，忙于从外地招募人员，订购机械和建筑材料，以致以后也只从事繁忙的私人建筑业务，主要是建设住宅。"1899年度《胶澳发展备忘录》第14页。

③"缺乏训练有素的工匠与合适的企业，促使总督府建起一座建材堆场，设在大鲍岛靠海边处。它设有木工车间、锻造车间和白铁车间等。"见1899年度《胶澳发展备忘录》第26页。

④参见《胶澳地区的建筑》，《德国建筑报》第22期(1900.3.24)第139页。马根斯是广包公司在青岛的第一位工程师，因健康问题不久返回德国。其后继者为政府建筑工程师拉裴特(Raffelt)。

⑤"在下一行政年度该问题(即住房荒)将得以解决，因为与所提到的一家德国公司——它在上海的建筑行业具有领导地位——达成协议。该公司也将在胶澳租借地着手为欧洲人和中国人建筑房屋。海军当局决定参股这家企业。因为解决住房荒被看作整个租借地发展中极其重要的因素。总督府参股将确保从社会政治和卫生方面提高其在青岛住宅建设中的影响，而且从财政方面看对总督府也有好处。"参见1899年度《胶澳发展备忘录》第27页。

⑥"中国的青灰砖几乎用手指便可捏碎；如彼此击打就会碎成块，红砖也不过稍硬一点而已，后来只能用这种材料铺地砖，若围墙不要求那么厚的话……希望能从上海方面订购更硬一点的砖，这也是总督府的想法。而最后一次购买的约400000块砖1898年才到达。但质量仍有缺陷。"《胶澳地区的建筑》，载《德国建筑报》第22期(1900.3.24)第134页。中国瓦呈黑颜色，可从瓦烧制时的吸水过程得到解释：在埋住农村传统瓦窑的土层上撒灰。为使瓦在烧制后慢慢冷却，需要向窑炉喷水，由于有灰层，水只能慢慢渗到砖上，因此使之变黑。参见R.匹派尔文《中国的砖瓦窑》，载《德文新报》(*DOAL*)第26期(1906.6.29)第1229页。由于使用这种快速冷却方法，砖瓦硬度降低了。

⑦这些砖瓦厂构成那里最古老的工业，中国人为之付出极大热情；几乎每家中国商号都有自己的砖瓦窑，从小泥洼一直排到小鲍岛，并越过山脊延伸到扫帚滩。1899年度《胶澳发展备忘录》第37页。

⑧这主要涉及铁路建设和建港用材料，但也部分涉及一般房屋建设。参见1899年度《胶澳发展备忘录》第24页。

尽管青岛的气候环境与德国差别不大：冬季因北风寒冷干燥，春秋季也与德国相近，夏季湿热，但由于很晚才获得准确的气象报告，所以在城市建设最初几年，某些建筑的造型“适合于热带气候”。那么，为何在当时会有这种追求异国情调建筑造型特点的愿望呢？

青岛建筑造型的一个重要参照，肯定是上海以及英国殖民城市新加坡和殖民统治的香港，因为海路往返德国和青岛之间的所有船只，都曾在这三座城市停泊。

香港和上海快速持续的经济发展，成为青岛学习的榜样。不过，为了防止出现像香港和上海一样的土地投机及卫生乱象，青岛专门出台了上述土地制度和建筑条例。

如果说，新加坡给人以热带异国风情的印象，是因其古典主义印记和印马阳台别墅的建筑艺术[①]，那么19、20世纪之交前的香港，留给海上游客的印象则是一个具有古典主义特色的商贸中心，其商厦多具圆柱或阳台立面[②]。仅基于外观就称这些建筑为“殖民地风格”[③]或“外廊风格”显然不够准确，如此定性既未考虑实用和空间分配，也未关注建筑造型，这些建筑往往只是在任意构形的建筑形体上加设一个外廊立面而已。本质上它们依然是古典主义的[④]，仅由于气候和体面的原因而设置外廊。如同中国与西方商人间货物交易的中间“买办”一样，这种建筑造型也被称为“买办风格”。其他外国租界如上海，在世纪之交也有类似建筑，但大多不如香港那样形象。早在占领青岛前，德国企业就已在上述地区开展商业活动，它们当然有理由为其青岛分号的建筑选择“外廊风格”作为进驻租借地的形式。不过这一点在青岛明显被有意回避，很可能由于它们被认为太英式的缘故。

7. 造 林

首先，作为景观构成要素，也有出自经济因素的考虑，占领青岛后不久，总督府即着手实施造林运动，使原本几近光秃的地区重披绿装[⑤]，也因此改善了土壤质量。总督府规划了一个森林公园，用于试验各种木材用树和果树对土壤的适应性和气候耐受性，并培育插枝苗木[⑥]。除了桤木和柳树外，刺槐、松树和山东本地的橡树也成为最重要的培育品种；刺槐亦被用在欧人区街道绿化中⑦。早在街道绿化前，德国人就已在青岛周围的山丘顶上植树造林，改善了租借地的总体视觉印象⑧。青岛近郊的造林工程一直持续到1913年才结束⑨。

8. 小 结

青岛的基本规划1900年就已近结束。作为以香港和上海为样板的舰队基地和商贸中心，这座城市是在区划理念下被设计出来的，以功能和社会条件划分相应城区。各个城区的位置则依地形确定：港口附近，规划为贸易和小工商业区，南接原先作为华人居住和小工商区的大鲍岛。大鲍岛则被山脊与气候宜人的欧人居住及商业区隔开；再向东一段距离靠近今汇泉湾畔建有一处别墅区。台东镇和台西镇用于安顿中国劳工，远离欧人区，但基础设施则与港口和工商业区相接。不存在为整个胶澳租借地设立的市中心区；行政中心点的总督府则规划在欧人居住区内。各城区渐次展开，拥有各自独立的管网体系。着眼于城市未来的进一步发展，总体规划既考虑了各城区的扩张，也考虑了未来增建新城区需要预留用地。街道走向则根据各城区功能而定；在专为欧洲人预留的更优越的区域，有意识突出独特的街道走向，摒弃方格网状街道。这一大规模和广泛的规划在各个城市区域得到了建筑法规方面的保障，避免了出现大城市里那种房屋混杂和出租兵营式的情况。在欧人区选择乡间小镇风格，在华人区选择低矮平缓的建筑样式，这种做法既有城市美学的考量，或许更重要的是出于卫生要

①参见Norman Edwards的《新加坡住屋和居住生活(1819～1939)》，1991年新加坡出版；Anthony D.King的《平房——全球文化的产物》，伦敦1984年出版。另外，C.M.Turnbull的《新加坡史(1819～1988)》，新加坡1989年出版，见第76～124页各处。

②参见爱德华•乔治•奥利普和鲍秀虹(音译)文《城市的发展：历史的回顾》，载Vittoria Magnago Lampugnani编《香港建筑艺术：密度的美学》，1993年慕尼黑出版，第97～110页。扬•莫里斯《香港》终极版，伦敦1997年出版，第42～44页。

③参见奥利普和鲍秀虹的文章第99页。

④参见Edwards著作第41～50页，第60～84页。

⑤参见弗兰茨•克罗奈克尔著作的28页，1908年度《胶澳发展备忘录》“培育苗木和造林统计”，第71～73页。

⑥见1908年度《胶澳发展备忘录》“培育苗木和造林统计”，第71～73页，并参见麦维德著作第334页。

⑦～⑨见1908年度《胶澳发展备忘录》“培育苗木和造林统计”，第71～73页。

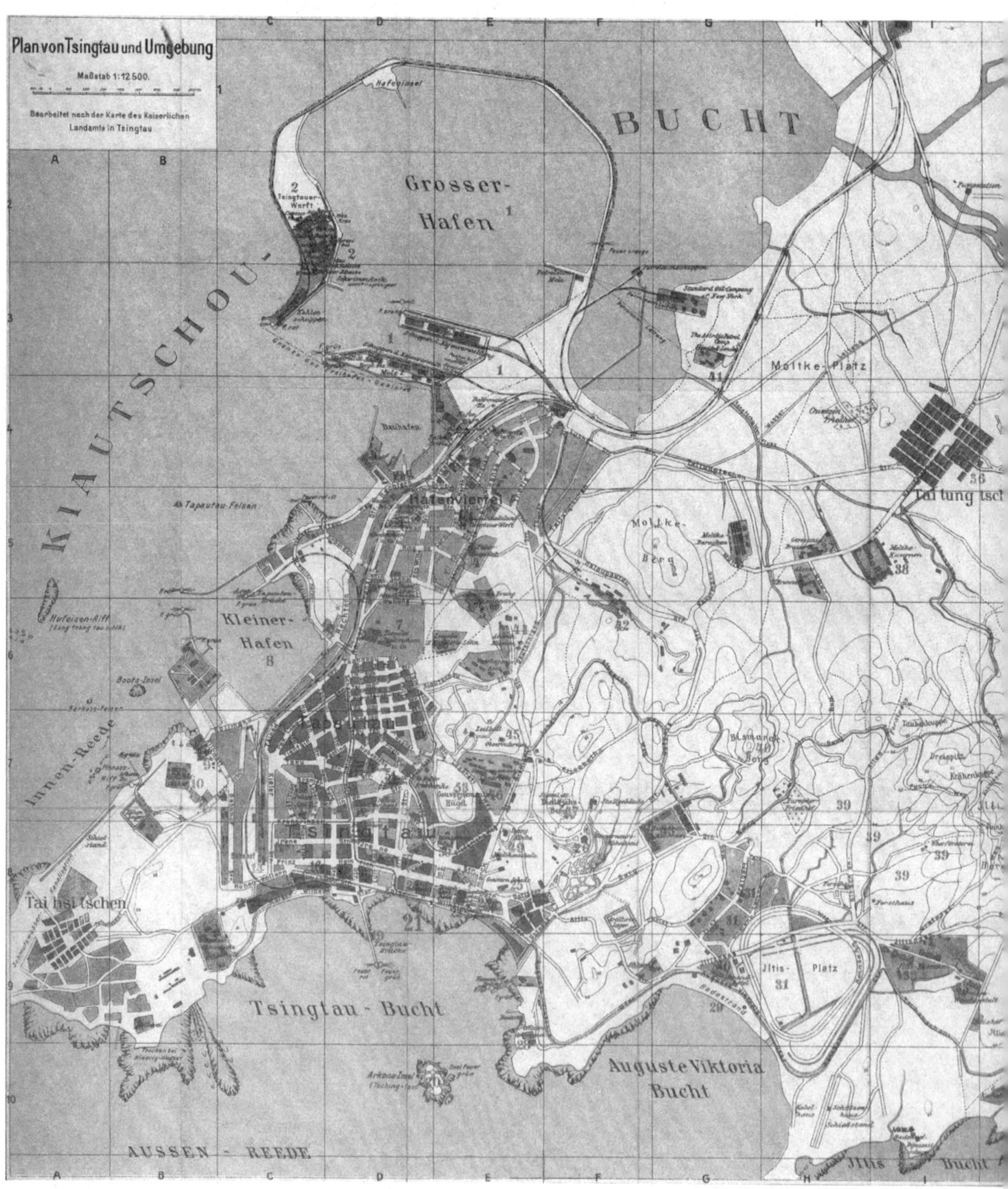

Plan von Tsingtau und Umgebung
Maßstab 1:12500.
Bearbeitet nach der Karte des Kaiserlichen Landamts in Tsingtau
KIAUTSCHOU-BUCHT
Grosser-Hafen
Kleiner-Hafen
Tsingtau-Bucht
Auguste Viktoria Bucht
AUSSEN - REEDE
Innen-Reede
Moltke-Platz
Moltke-Berg
Bismarck-Berg
Jltis-Platz
Tai tung tsch
Tai hsi tschen
Hufeisen-Riff
Tapautau-Felsen
Arkona-Insel
Hafenviertel
Tsingtau

图2-4 青岛及周边地图(1913)

求。将欧人区与华人区分隔开来的部分原因与此相关，同时，肯定同样是许多德国人那种在“自己人”圈中追求孤傲、优越生活的愿望使然[①]。不过，区划和中国人条例也是一种尝试，为稳定社会结构提供保障。按照建筑条例，不同区域也应从建筑风格上彼此区分，条例规定建筑应“适应各自城区的相应风格”；然而它并没有硬性规定建筑风格的特点，这为未来的发展留下余地。

因此，城市规划、建筑条例、土地制度和中国人条例构成了拟建城市的基础。青岛城市造型的理念可归之于两任总督棣德利[②]和叶世克(Jaeschke)、海军建筑工程师格罗姆施、政府建筑工程师马根斯、城市建筑工程师克诺普夫以及中国人事务专员单维廉。不过，每个人的具体贡献无法精确界定。此外，中国其他港口租界城市的情况以及当时德国本土对城市建设的各种讨论也对青岛城市造型有着实际影响[③]。例如，按照1896年西奥多•弗里奇(Theodor Fritsch)在《未来城市》一书中阐述的根据功能不同实施城市区划的观点，在每个区划内应规划出更好的视觉景观和网格，或者是村落，这种区划对城市经济功能增长的调控也极具益处[④]。弗里奇反对任何形式的大城市式的规划，他认为城市应该是从中心以小城镇组合的模式发展而成，各部分由绿地彼此分隔，组合在一起也可无限扩大，但不致形成大城市的高密度。针对解决土地投机的问题，他认为其根源在于大城市不健康的高居住密度，应取消土地继

①参见乔治•麦尔克《胶澳地区的发展》，1902年柏林出版，第23页。

②此处表述有误，应为罗绅达，1898年4月16日任胶澳总督。——编者注

③参见克里斯蒂安娜•哈特曼(Kristiana Hartmann)所撰文章《1900年的城市建设：浪漫主义幻想还是实用主义观点》，载Cord Meckseper和Harald Siebenmorgen所编《老城市：是文物还是生活空间？19世纪和20世纪对中古城市建筑艺术的观点》，1985年哥廷根出版，第90～113页。

④西奥多•弗里奇著作《未来城市》，1896年莱比锡出版。弗里奇并非一位真正的城市规划师；对他而言，城市规划只是实施其政治、社会学和经济方面（改革社区）明显反犹太主义观念的手段，他特别关注改善不受控制增长的大城市中的生活条件。D.舒备德则进一步阐述其思想：《西奥多•弗里奇和流行版的花园城市》，载《城市建设界》73(1982.3)，第65～70页。也见尤里乌斯•鲍赛纳著作《通向新建建筑艺术之路上的柏林——威廉二世时代》，1995年慕尼黑出版，第281-282页。另见玛丽安妮•罗登施泰因《“多些阳光，多些空气”——1750年以来城市建设中的健康理念》，法兰克福、纽约1988年出版，第167页。

承权[①]，如当时在台东镇实施的那样。弗里奇当然不会考虑殖民地的社会情况，不过有趣的是，他某些关于城市美学的想法在青岛建设和规划中却得以实现，弗里奇主张城市中心应由纪念性建筑组成[②]，在青岛的中心区这些纪念性建筑可被理解成“漂亮的住房”，即有“乡村风格”的别墅，然后由普通住宅，最后由工业区和分隔开来的工人区(青岛的台东镇)呈环形或螺旋形包围[③]。这些环形分区和商业建筑被弗里奇认为是理想的解决方案。当然，这只限于平坦地区。他指出受地形限制的城区接合部和街道走向可能导致各区域面积大小不一[④]。弗里奇的理念未必会直接对青岛的城市规划起关键作用；不过，这些想法对当时的规划具有极大的现实意义：早在世纪之交前青岛实际上已实施了这些理念，而其基础理论在德国还持续讨论了若干年。

①见西奥多•弗里奇著作《未来城市》第15页。

②弗里奇特别详述了这个内城范围的构形:“内城这个雄伟而精致的区域不与从事工商业的近郊城区接壤……但它依然可通过其中心位置易于到达城市各部分,并保持其在不断建房过程中的统治地位。”同样见第13页:“适当凸出中心城区,尤其是构成中心的部分值得欢迎,会提高建筑艺术方面的影响力,在中心可设想建一个巨大的纪念性建筑……一座雄伟的政府官殿等类似建筑。”见14—15页。弗里奇的理念,在青岛的这些区域几乎完全实施了。他并不把该核心城区作为拟新建城市建房的开始,而是当这个城市达到一定规模后,才应该开始建设这个城区,就像青岛城建一样。见上。

③此处表述有误,应为:外围分布着普通住宅、工业区和专供劳工居住的台东镇、台西镇。——编者注

④见西奥多•弗里奇著作《未来城市》第12页。

第三章 1897~1904年间的房屋建设

一、1897～1904年间青岛历史发展情况

占领区的行政管理权，自1898年1月27日起移交帝国海军部负责[①]。1898年2月11日，海军少校都沛禄(Oskar Truppel)成为驻军指挥官。1898年3月6日，德国迫使(清政府)签订中德“胶澳条约”[②]。据此，占领区由德意志帝国无偿“租借”99年；这块中国领土正式处于德国管控之下，中国政府在“租借条约”有效期间放弃该领土主权。毋庸赘述，这就是殖民统治。此外，德国还设立了“租借地”周边50公里范围内的“中立区”。德国军队在区内享有自由通行权，而中国政府则需事先取得德国同意后方可行使主权。另外，德国获得铁路修筑权，其中一条铁路连接占领区与省会济南，并穿过先已发现的煤田，德国在铁路沿线两侧15公里范围内享有对该处煤田的采矿权。自1898年4月16日起“皇家胶澳总督府”成为最高军政当局[③]，海军上校罗绅达(Carl Rosendahl)被任命为首任总督；4月27日宣称(胶澳地区)为“保护区”[④]。随着自由港开放及土地制度实施，1898年9月2日起，德国按1898年夏天制定的市区规划图正式启动租借地建设。1899年2月19日海军上校叶世克接任总督职务；4月与中国政府达成协议在青岛建立中国海关(胶海关)，将海关收入的20%交给胶澳总督府[⑤]。为开拓租借地腹地，发展经济，1899年6月14日德国资本集团成立山东铁路公司，同年10月10日成立山东矿务公司[⑥]。这个时期是大量公有和私有建筑活动的第一阶段[⑦]。早已活跃在中国其他地区的德国商贸公司(洋行)最先入驻青岛；然而，由于市场尚未充分发育及其他障碍，各商贸公司没有立即落户青岛。像上海、香港及汉口这些地方的基础条件看起来相对更有利，尽管它们并不处在德国主权管理下。1901年1月27日总督叶世克去世，其职务暂由海军上校罗尔曼(Rollmann)接替，直到1901年6月8日海军上校都沛禄被任命为总督。早在1901年4月8日第一列火车就通到胶州，1902年6月1日通车到潍县煤田，1902年10月1日坊子煤矿建立后便有可能经铁路将煤炭运到青岛。1904年3月6日，青岛新港口(大港)1号码头交付使用，1904年6月1日通往济南的铁路全线通车，奠定了租借地经济发展的基础[⑧]。

自1902年9月起，总督府开始定期统计居民(平民)人口。1904年9月生活在青岛城

区的欧洲人和美国人中，男性650人，女性248人，10岁以下儿童159人[⑨]。约2500名驻军并未计入其中。相比之下同时居住在(华人)城区的中国人有28477人，其中单身女性2577人。这里人口结构并不均衡，男性居多。那时大多数技术人员和总督府雇用的民事管理人员都很年轻，来青岛时并未结婚，所以许多中国人只是计划暂住青岛。由于人口流动很大，给大工业项目的发展带来了问题。为了吸引当地中国工人家庭迁入，总督府才开始着手解决华人家庭的居住问题。

二、第一批建筑项目

第一阶段建筑项目的时间跨度，大约是从占领到1898年9月2日土地制度生效以及随后由总督府正式出售土地这段时间。在这一阶段，老衙门建筑群(坐落在日后的城区外)和一些老衙门周边上、下青岛村的中国民居被临时征用改建。为驻军和包括总督办公地在内的行政机构发展，在修缮老衙门的同时，也开始着手按德国人的居住理念维修其他建筑供私人居住[⑩]。当然，经特殊许可，在老衙门附近也建有少量私人用途新建筑，这些建筑并未受后来制订的土地制度制约。所以，可从这些早先简陋建筑的局部，初窥德国人的建筑与中国建筑艺术的首次碰撞。正式占领前官方所建的其他

①参见梯尔庇茨著作第66页。

②此条约见谋乐所编《胶澳保护区手册》，青岛1911年出版，第1~5页。这里不引述条约产生的详细背景和情况，为此请参见施米特(Schmidt)著作，第58~60页。

③关于行政建设，请见汉斯•魏克尔《保护区的行政管理》，载《胶澳地区——德国在东亚的保护区》，柏林1908年出版，第97~114页；《胶澳租借地》，载于《德国行政史概要(1815~1945)》第22卷《联邦和帝国权力机构》，Walther Hubatsch编，马尔堡1983年出版，第548~560页。

④参见Zedner文《关于“殖民地和保护区”的概念》，载《殖民地评论》2(1914)，第85~96页。

⑤参见《1910年度胶澳地区》(代替《胶澳发展备忘录》)，青岛1911年出版，第2页。

⑥山东铁路公司成立于柏林，但1899年将其主要管理部门迁至青岛。有14家银行以公司股本54 000 000马克参股。参见Schmidt著作第68页。山东矿务公司公司股本为12000000马克，公司设在青岛。参见上文第102页。

⑦参见《胶澳发展备忘录(1900年10月~1901年10月)》，柏林1902年出版，第36页。以后直到1910年前每年由帝国海军部出版的《胶澳发展备忘录》，引用时则仅标以出版年代。

⑧参见米歇尔森《青岛发展回顾》，青岛1910年出版，第13页。

⑨所有数据均据1908年度《胶澳发展备忘录》，第11页。

⑩“首先为德国官员居住的中国民房安装地板和玻璃窗并做好良好通风；也使用青岛当地建筑材料建造了个别新建筑。”见《胶澳地区的建筑》，载《德国建筑报》第20期(1900.3.10)第126页。

建筑，有青岛湾畔栈桥以西海岸边的那些简陋库房，大多数属临时性建筑，统统未予保留[①]。

1. **建筑师凯尔的房子**[②]（约 1898 年春）

建筑师凯尔(K.A.Kell)的住宅位于老衙门西北[③]今中山路南段东侧，现已不存。这座一层(中国的两层)建筑平面为矩形，硬山屋顶，结构简单，平拱窗户，圆拱门，一个中式木构支撑的外廊。在有外廊的大门前有一“照壁”或“神墙”[④]，往往高于大门，立在房前或院前，用来阻断外部环境与房屋间的直接联系，保护居住者。按照道家理念，凶神不会拐弯，即不会绕着角走[⑤]。“神墙”的功能，在中国尽人皆知。在德国人的住宅内引入中国元素非同寻常；这肯定是一位熟悉中国建筑表现形式的西方设计者的作品，也许他使用了已拆除的青岛华人村庄房屋的某些部件(图3-1)。

简单的砖结构结合一些中国元素，成为青岛最早的中德建筑艺术共生体的代表。

图3-1 建筑师凯尔的住宅

大量使用中式的表现形式令人惊异：这不单是因为缺少合适的“西方”建筑材料，也有可能是为了实现追求异国情调的各种形式的愿望所做出的装饰性效果。

2. 进口装配式住房(1899)

这里指在德国生产的所谓“适用于热带气候的”木结构建筑，它们被拆分成单元构件运到青岛并重新组装。这些木屋并非专为青岛设计，类似结构早已在其他殖民地使用。它们被用于早期的临时建筑，无须建筑基础设施就可使用。因缺乏工人和建筑材料，难以在短期内建好足够的住房，直到19、20世纪之交，一直由汉堡-阿尔托纳的广包公司向青岛出口这种木屋⑥。所谓“热带适用性”指的是平顶和外廊，防止阳光直射房屋南面。

这些进口拼装式住房全部为临时性建筑，直到代之以建好的牢固的石砌建筑。这种木结构房屋无一保留(图3-2)。

3. 总督临时官邸(1899)

直到1899年前，总督一直住在修缮过的老衙门内。这一年在今汇泉湾为总督建了一座新的用房，用来临时居住，仅在尽可能低调的环境中，用以交际应酬⑦。该建筑由两个进口装配式住房构成：东角增建一石砌建筑，正面朝向东南方向的今汇泉湾。这

①参见阿道夫•冯•哈尼斯《香港捷成洋行(Jebsen& Co.)——1895~1945年间与中国贸易的变化》，Apenrade1970年出版，第59页。

②按科布伦茨联邦档案馆照片的标题命名，BA2394《胶澳照片集》。

③其位置在一明信片上尚可看出，明信片记载的是1900年左右的建筑状态，现仍在波恩的马维立教授手中。

④这是作者的误解，该墙体为居室与马厩之间的隔墙。——编者注

⑤参见李全庆和刘建业《中国古建筑琉璃技术》，北京1987年出版，第169～177页。

⑥首批三座进口拼装住房1899年3月初运抵青岛。参见《德华汇报》第22期(1899.4.27)第1页。这里指总督临时官邸、是冯•法尔肯海恩少校(von Falkenhayn)的私人用房，一座用于建筑管理部门的房子和今江苏路的另一座房子。参见同一报刊。1900年后者又再次拼装，建筑师Luis Weiker这样写道：“青岛还建有一座别墅风格的欧式木架房屋，测绘总监冯•法尔肯海恩一家住着，也仅住在底楼。” Luis Weiker青岛来信27号，1898年10月23日，慕尼黑德国博物馆luis Weiker遗物。“订购热带房屋比建设一座新房子要简单，很多年轻居住者都会因有一座居住舒适的家而很高兴。汉堡-阿尔托纳的广包公司供应了7套这种房子，其中就有为总督叶世克定制的房子。”“胶澳地区的建筑”，《德国建筑报》第22期(1900.3.24)第135页。

⑦然而直到迁入总督府办公大楼前，总督一直在老衙门内办公。

图3-2 进口装配式住房(1899)

座两层(中国的三层)房子，东南立面两层全都设有外廊，建筑中部凸出，其上斜坡屋顶与低矮饰面板相连。该凸出部分通过双层木角支撑加固，外廊中其余部分支撑木角仅为单层。房屋东角屋顶平缓，从中心凸出部分右侧看则是塔楼结构。从立面上看塔楼严格遵循对称原则，强化了该建筑简洁朴素的特点。东南侧外廊经建筑转角至西南侧，由此扩展了约三分之二强面积。就现存照片中所看到的情况而言，在房屋内部，则试图以现代设计来弥补该建筑的简易与临时性(图3-3)。

1907年新总督官邸落成后，这座房子便失去用途被拆除了。

三、公有建筑

德国人自占领伊始就着手在早期开辟的建设区内建设公有建筑，这样到后来既能保证推进必要的建筑项目，也能同时着手对各城区进行开发。早在规划城市平面布局时就已规定了几

图3-3 总督临时官邸

处公有建筑的位置，其中几座行政建筑面向街道。居住区街道网络清晰明了，均围绕规划确定的总督府行政大楼所设。另外在住宅建筑方面，没有明确的风格规定，其他类型房屋建筑却被规划为风格上的“风向标”。但是，这也不能成为所有早期公有建筑在风格方面相似的证明，因为所有公有建筑项目都是独立项目。

1. 住 宅

最初几年，因私人住宅建设进展迟缓，总督府不得不为驻军军官和总督府管理部门的官员及职员单独建设住房。

(1)第三海军营大楼(1899)

该处建筑保存完好，北部增建了一些小型建筑，现为铁路管理部门办公楼 (图3-4)。

该大楼位于今沂水路西端的内城别墅区，与1898年规划的总督府相邻，为城区内

图3-4 第三海军营大楼旧址东南向视图(2013)

重要地段，供第三海军营指挥官居住。此外，其中还包括部队单位[①]的办公房间，为租借地正式建立后第一座坚固的住宅建筑。

这座两层(中国的三层)楼的房间布置采用世纪之交德国常见的布置样式。底层有客厅、餐室、厨房和餐柜，围绕中央门厅配置，二层配有卧室、更衣室和浴室。其他后勤和办公用房设在北侧小型附属建筑中。建筑平面矩形，建筑外墙由凿制花岗石和砖石砌成[②]，主立面向南，大门设在今沂水路上，西立面朝向总督府。此楼东南角设有办公入口，经连拱廊进入，设楼梯间。入口西侧有两层木质外廊，连接上层山墙凸出部分阳台。西侧其他外廊，其结构与南侧一致。建筑底层南侧和西侧立面转角处有两个小凸肚窗，一起组合成一扇大窗户。因北立面从公共道路上看不到，所以未做装饰，而且考虑气候原因只装有小窗[③]。不同大小辅助建筑围绕中心，呈非对称排布，

图3-5 第三海军营大楼东南向视图(1910)

①见戴姆灵著作第57页。
②参见《胶澳地区建筑》一文，载《德国建筑报》第22期(1900.3.24)第134页。
③在大楼东北角从前另有一凸出部分，但由于后来进行了改建，这一点已看不出来了。

建筑体块相互组合，构成富于变换的屋顶景观。该建筑基础至底层窗台毛石砌筑，从一层(中国的二层)窗台高度至窗户上框下皮处有一处石材线脚。在建筑各转角处有角隅石。最初建筑表面未施抹灰 (图3-5)。

山墙设计简洁，多处呈现横向分割，三角山墙外轮廓稍加装饰，其装饰线脚在山墙下端向两侧分层水平延展。在东侧，一层(中国的二层)以上区域围绕塔楼有半木结构装饰，极有可能是经过衬砌的木构架表面抹了灰，如同一侧楼层之间的做法。这种装饰形式在世纪之交的德国住宅建筑中很常见。此处结构相对简单。

这里不过是移植了当时德国常见的单户住宅样式并在青岛加以推广而已。与德国同类建筑不同之处在于多了一个凸出外廊，该外廊仅在屋顶处融入建筑整体，它们符合当时德国人对热带建筑的主流理解，这也体现在进口拼装住宅上。

(2) 胶澳法官官邸[①](1899)

这座建筑位于今沂水路高处，现空置，保存状况很差。通过高大的院墙后与街道平行的台阶便可抵达。这座建筑或许由总督府房建部门设计，用作皇家法官官邸[②](图3-6)。

该建筑平面布局美观，类似三个相互正交的(体块)建筑组合在一起。建筑东南角有一高大塔楼，其上耸立钟形屋顶，屋顶又冠以一塔式建筑。底层坐落于毛石墙裙上，起初为清水砖墙立面。原先在南侧石墙裙上有木质外廊，今已衬砌。大门从前设置在建筑东侧。建筑各墙面转角处用毛面方石加固。外窗台板下的水平线脚也由类似毛石构成，水平线脚几乎贯通整栋建筑。该建筑原使用的另一个入口位于前边门廊处，在建筑北侧。一层立面有方形分格木框架，略凸出底层平面。各屋顶经由半木结构和山墙，支撑或分载。从北侧入口经一小段前厅可到达门厅，门厅内有通往一楼(中国的二楼)的弧形楼梯。该房间布局难以准确合理说明，也许遵从某一典型别墅平面布置样式。楼梯附近有一独立柱子，立于粗加工的八角形柱础上，柱身鼓起被认为是西式的，饰有中国的云纹和花卉图案，并伴有明显的西方色彩。

该建筑原本装饰相当古板。不过，西南角角楼低矮巨大，在屋角上设置辅助建筑，十分引人注目。别墅式的平面布局和立面造型使建筑非常出众，即便相对旁边后

图3-6 胶澳法官官邸，南向视图(2016)

来新建的房屋也毫不逊色。这里外廊的数目和大小与第三海军营大楼不同。不过，从整体上说，整栋建筑从外观上与同时期德国本土建筑相比并无二致，但楼梯间花岗岩石柱上的中式图案表明，这座建筑的装修是在当地定制的。

(3)单维廉在今汇泉湾的住房(1899-1900)

该建筑已不存在 (图3-7) 。

中国人事务专员单维廉的办公住宅1900年建成③，与总督副官住宅差不多同时，

①也有研究者认为皇家法官住宅位于今湖南路江苏路路口西北角。——编者注

②虽然有报道说，皇家法官盖尔普克(Gelpke)让人在别墅区建一座房子。参见《德华汇报》22(1899.4.27)第1页。然而按照联邦档案馆军事馆案卷BAMA RM3/6798-56的地图(1901年10月1日建房情况)，该地块为"国家所有"。很可能这座房子的造型设计吸收了盖尔普克的想法，尽管他1899年11月就已返回德国。参见《德华汇报》第44期(1899.9.30)第1页。后来该处入住了驻军其他成员或总督府职员(首席法官Wilcke，主治军医Mixius博士)，因此可以认为，这里指的是总督府的公务住宅楼。

③参见1901年度《胶澳发展备忘录》第37页。也见马维立1985年文章第20页。

并位于其附近。

这座两层(中国三层)建筑平面总体矩形，西侧和南侧立面有凸出，一层为半圆拱内阳台，其上为二层阳台。阳台西侧和凸出部分以西由木质外廊结构围护。凸出部分设有简单朴素凸窗，楼下一层正中半圆拱窗，与其上楼层构成一处覆顶阳台。阳台之上是半木框架山墙。四坡屋顶。凸出部分是一前出双坡顶(Satteldach)雨篷。

图3-7 单维廉在奥古斯特•维多利亚湾畔的住房(1899—1900)

建筑表面整体统一抹灰，主立面各楼层间有水平线脚装饰带。

这种简单对称的基本结构，通过外廊凸出部分，有助于塑造灵活的非对称建筑外观，凸出外廊部分在德国也被当作一般住房适应热带气候的一种改进方式。这座建筑装饰节制，朴素无华。与差不多同一时期建造的副官住房相比，这座建筑主体比例更匀称。除了总督府临时官邸和副官住房外，这座房子属于首批建在今汇泉湾畔的建筑之一，所以有可能被视为规划的别墅区中其他建筑的样板。

(4)总督副官住房(1900)

这座建筑后来因增建封闭外廊而外貌大变，现为康有为故居纪念馆，位于总督(临时)公务住房①东侧，1900年10月完工②，是总督府为一位高级军官修建的住宅③(图3-8)。

经南侧奢华台阶拾级而上到达建筑入口，其上方为阳台，周围贯通木质屋顶。该建筑屋顶形式像十字脊体块外包一圈歇山屋顶④，北侧接杂务房，设计手法简单，虽然比例略显笨拙，但可以看出这是西方建筑形式与中国元素的混搭。中国元素主要体

图3-8 总督副官住房(图中右侧,1902)

现在屋顶结构上，三面包围的外廊则体现了热带建筑的原则，这在东亚和东南亚其他欧洲殖民地中已有体现。这座建筑沉稳且宽敞，外形独树一帜。

(5)林务所(1900)

这座建筑今已改作住宅，保存状况极差。

这座建筑建于1900年，是为一位高级林务官修建的办公住宅，有可能是建筑管理部门设计建造的[5]。建筑位于从前总督府森林公园[6]所在的今太平山山坡上，该公园主要用于为总督府的大范围造林项目及街道绿化培育苗木。公园内有散步小道和水塘，在德占时期是人们最喜爱的远足地[7](图3-9)。

---

①这里是指早在土地制度生效前购得的一块地皮， 1898年后它又归总督府，而总督临时官邸副官住房和单维廉的住房便建于其上。亦见1901年度《胶澳发展备忘录》。

②参见1900年度《胶澳发展备忘录》附录3。

③参见马维立1985年文章第20页。海军少校Jacobson1905年在左右这里居住。参见BAMA RM3/6992 4-16。

④参见《歇山屋顶形状》一文，载Thomas Thilo编《中国古典建筑艺术：结构原理和社会功能》莱比锡1977年出版，第65-66页。该建筑不太可能是为了实施一个中国式样板而建；相反可以肯定，显示了德国建筑师缺乏造型能力和比例感。这种将适合热带使用的夏季别墅结合中国古典形式的尝试，在其他地方得出的结果差不多。华纳很恰当地指出位于北京以东的北戴河房屋与此类同。他所提到的公使的房子1908年才建成。参见华纳书第52页。

⑤参见1901年度《胶澳发展备忘录》第37页。

⑥今青岛中山公园址——编者注。

⑦参见贝麦(Friedrich Behme)、克里格(M.Krieger)合著《青岛及周边导游手册》，1906年青岛出版，第88~90页。

图3-9 林务所(1906)

这座双坡屋顶单层建筑由砖石建成，平面呈不规则十字形。四个山墙面均嵌有相同形状木框架。南侧连拱廊已不复存在。这座简易的本土建筑与前述热带建筑的设计理念无关，却因体量小、平面布置不规则和材质简单而显得造型美观。

(6)总督府牧师住宅(1901—1902)

尽管做了小小改动，但这座住宅建筑今天仍保存相当好。

这座房子建成于1902[①]年，位于今德县路尽端，最初可能是总督府牧师住宅，后来归警察局长Welzel[②]使用 (图3-10)。

这座单层砖结构建筑平面矩形，有阁楼，曾有外廊，从建筑南侧中央向东绕至北侧中央。南侧和东侧部分后来加装了窗户，再向东，各外廊则完全被砖墙封砌，1912年后建筑北边增建[③]一座边房。有单独带顶篷外廊，但比主屋顶低矮得多。

两座同样造型的老虎窗使南向屋顶造型更生动，中间凸出体块由山墙装饰。入口设在西边附建建筑凸出部。

①在1902年9月的一张照片上，这座房子已建成。参见1903年度《胶澳发展备忘录》附录3。

②该建筑被称为“总督府牧师住宅”，参见贝麦、克里格著《青岛及周边导游手册》，1904年版，第44页。在后来的地籍册图上该地块作为警察局长Welzel的私产登记。参见BAMA RM 37002附件地图第13幅(1902年2月22日前的建房情况)。从前的国家住房被私有化了。

③参见BAMA RM 37002附件地图第13幅，1912年2月22日的建房情况。

图3-10 总督府牧师住宅西向视图(2003)

后期因内部改建，原先的空间布局已难复现，或许就是普通的住宅排布，即厨房、起居室和工作室在底层，卧室位于顶层。

与早期同类型公共住宅不同，这座建筑拥有大量建筑装饰。例如，建筑转角处设置有规律交错的天然方石饰面；南侧凸出分段反向圆弓形山墙，内置凸起水平装饰线脚，毛石窗框；山墙两侧转角各有一根小脊柱，用来增强视觉效果。东侧外廊和阳台上的奢华细木作十分引人注目，该处交叉梁木框架仅为装饰元素。

这是19世纪以来一种典型的单户住宅。不过在德国不会添加外廊，但在青岛被强调为一种独立元素。独立的顶部使其看上去更像是从外部与建筑镶嵌在一起。

2. 公共建筑

由于急需，1899年起，殖民者开始兴建第一批公共建筑，其中一部分是临时建筑，还有的则计划日后扩建。保护区的行政管理部门临时设于老衙门内；但计划日后要修建一座气派的大型行政管理办公大楼，数年后得以实现。

(1)总督府新教小教堂(1899)

这座建筑1990年被拆除 (图3-11)。

该教堂[①]1899年12月24日落成，由城市建筑工程师克诺普夫[②]设计，供德国居民做礼拜[③]用。建筑位于今江苏路东侧一块区域，早先该区域尚未向移民开放。小教堂未与街道平行，不符合建筑规范，由此确定是临时建筑。1908年，在已开发城区内，一座新的华丽教堂正开始施工。1910年10月基督教堂落成后，小教堂改作附近学校体育馆[④]。

图3-11 总督府新教小教堂(图中右侧)西向视图

①参见《德华汇报》第5期(1899.12.24)第1页。

②来自波恩马维立教授。

③1899年9月2日柏林传教会为中国人在大鲍岛落成一座“有500座位、朴实无华但很结实的教堂”。参见Julius Richter《1824～1924年的柏林传教会史》，1924年柏林出版，第619页。1900年8月2日在台东镇为中国人落成了另一座新教教堂，它同样由柏林传教会所建。参见Julius Richter著作。

④参见贝麦、克里格著《青岛及周边导游手册》，沃尔芬比特尔1910年版，第53页。

图3-12 修复前的欧人监狱建筑群及欧人监狱主楼(右)(2002)

该建筑平面矩形[①]，顶部覆一两坡屋顶，设有纵向扶壁垛墙。正立面为双卷涡轮廓山墙，辅有一扇形圆花饰。两侧增建有凸出部分：西向是门厅，东向是用木结构建成的小型辅助建筑，用作传教士更衣室。在入口处圆拱门上方另有一面三角形山墙，上设牛眼窗。教堂没有塔楼，内部设施情况不明。

小教堂的位置和结构都表明这是一栋临时建筑。为掩盖其简陋结构，细部装饰简单。建筑整体施工质量很低，以致1902年不得不进行大规模修缮[②]。

(2)欧人监狱(1900)

该建筑保存完好(图3-12、图3-13)，至今仍作为监狱使用，所以禁止进入[③]。

①规划建一座“500座简易抹灰建筑”。参见1899年度《胶澳发展备忘录》第17页。事实上该建筑显得太小了。

②参见《德华汇报》第29期(1902.7.16)第2页。

③2006年以来已改作博物馆对外开放。——编者注

建筑表面抹灰，砖瓦结构，圆形楼梯塔楼位于衙门区以西，于1900年11月1日建成启用[①]。入口区域突出，屋顶低矮。利用角加固、特制的窗户平拱。两楼层间有外凸横线脚，这座建筑复制了当时德国常见的监狱建筑形式。楼梯塔楼造型特别抢眼：未抹灰，窗户随旋梯盘旋，上端装饰平拱，塔楼顶部尖锥形。

与德国本土相类似，当时的临时法院(建于1899年，现已不存)[②]紧邻这座监狱[③]。

(3)总督府学校(1900～1901)

这座建筑如今仍是一所小学[④]，保存完好(图3-14)。1900年9月至1901年8月，总督府建筑部门在政府建筑工程师伯尔纳茨(Bernatz)领导下，这座第一所总督府学校由一家中国建筑公司[⑤]建成，如从前的总督府新教小教堂一样，位于今江苏路东侧，当时已开发城区外。1901年9月2日学校落成[⑥](图3-15)。起初都是德国儿童在此上学。1902年开设天主教女子学校后，该校改为男童学校。1907年一所新学校建成后，该校又恢复为胶澳总督府女子学校[⑦]。

①参见1901年度《胶澳发展备忘录》第26页。

②参见贝麦、克里格著《青岛及周边导游手册》1906年版，第52页。

③参见Valentin W.Hammerschmidt《德国后期历史主义建筑中的愿望和表达(1860～1914)》，法兰克福，伯尔尼和纽约1985年(原文误印为1895——译注)出版(1984年斯图加特博士论文)第418～421页。

④今江苏路小学，已拆除重建。——编者注

⑤《德文新报》第37期(1901.9.13)第761页。伯尔纳茨自1900年3月就来到青岛，这座学校建筑是他从事的第一个大项目。参见《德华汇报》第19期(1900.4.8)第1页。

⑥参见《德文新报》第37期(1901.9.13)第761页。

⑦参见贝麦、克里格著《青岛及周边导游手册》，1910年英文版，第50页。

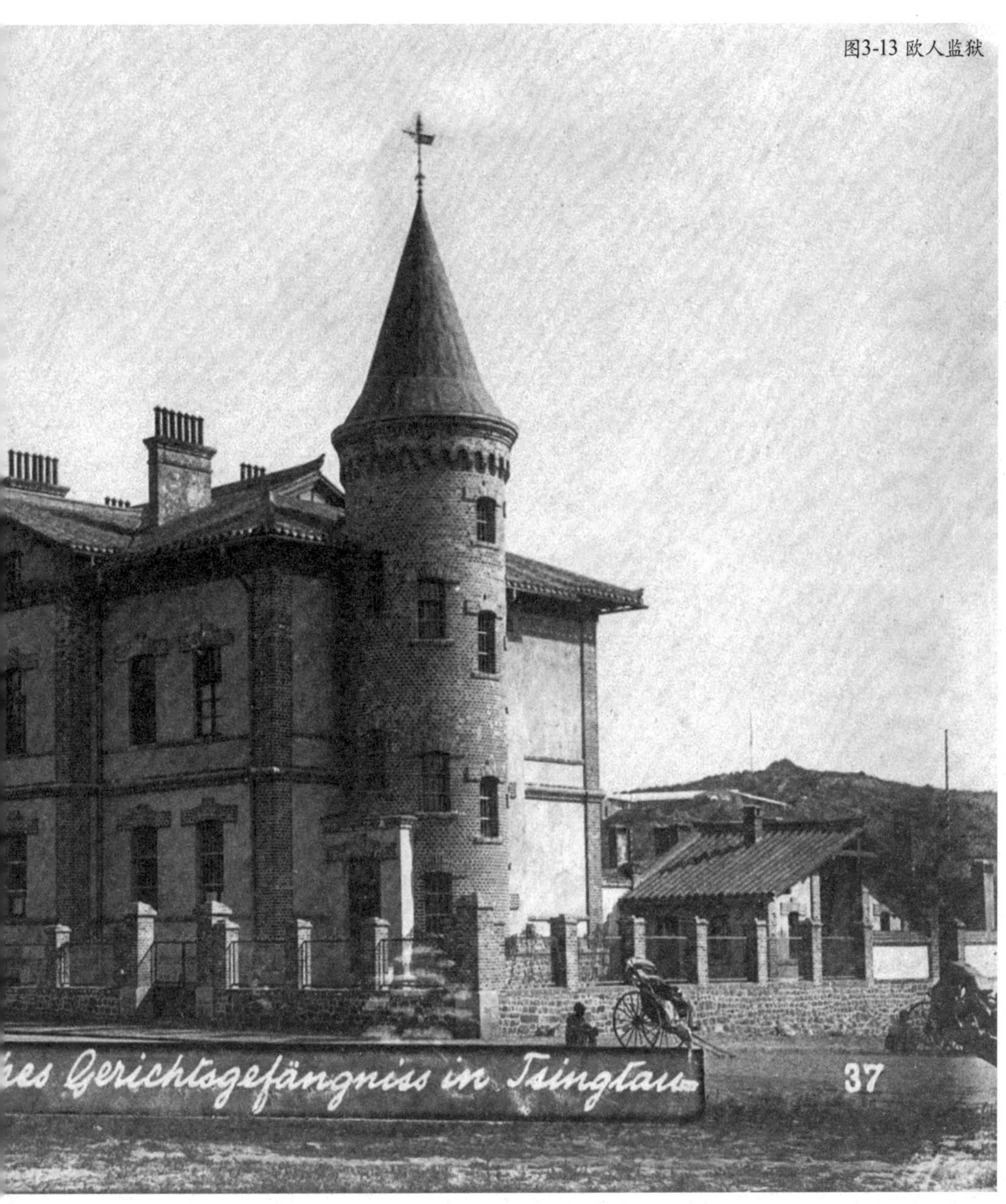
hes Gerichtsgefängniss in Tsingtau
37
图3-13 欧人监狱

图3-14 总督府学校今貌(2016)

学校建筑由砖石砌成，坐落在乱砌的毛石墙裙上，两层(中国三层)的核心建筑配有单层的两翼，平面呈对称H形布局。

该建筑最显著的特色是核心立面。底层前置外廊由四根柱子支撑，屋顶平缓。在圆柱顶端托板上，结构简化的中式木托架支撑着其上横梁。楼上有木结构外廊，每两段外廊间都有两个金银细丝工艺挂落木质嵌套(hoelzere Kassetten)，带简单中式图案。屋顶正中冠有弧形外轮廓老虎窗，上层外廊中部石柱支撑。此处用一个带卷云状花纹边框装饰假窗代替挂落，边框上曾装饰帝国鹰徽图案。外廊栏杆在四个开间的外横梁处都有挂落嵌套，其上布满中式砖石图案。屋面四坡屋顶。

这座建筑包含四间教室，一间礼堂和一间教师住宅。就教堂空间而言，参照了德国学校的相应标准①。教师住宅和礼堂可改为教室用②。

①参见《德文新报》第37期(1901.9.13)第761页。也见《德华汇报》第28期(1901.5.29)第1页。按照普鲁士文化部的规定，高中教室面积为60平方米，空间为250立方米，可供40名年龄稍大儿童使用。参见《德华汇报》第42期(1901.9.4)第1页。

②1902年度《胶澳发展备忘录》第24页："因必要时可将教师住宅和礼堂转用作教室，所以尽管预期学生数会大量增加，以后一段时间教室依然够用。"

图3-15 总督府学校落成典礼(1901)

与同时期建成的德国学校相比，该学校建筑从结构和建筑装饰上都不同寻常，也与中国传统庭院式学校建筑明显不同。平面布置并不典型，体现了节俭的基本理念。

学校建筑中十分关注卫生要求：同朴素的、节俭的，也许还有临时设想或打算扩建的基础结构相比，为满足功能上的基本要求，教室空间设计得很大。

这种简单的、原则上是欧式结构，添加了部分因受结构限制而简化的中式元素，如底层外廊木质托架和中国厅堂建筑、牌坊或亭子上使用的装饰挂落。建筑朝向方便新鲜空气进入，而外廊结构减弱了太阳直射。建筑其他立面上开有少量窗户；封闭墙体为防止房间冬季寒冷[①]。低矮的四坡屋顶主要出于气候因素考虑。

因此，该建筑可理解为是因预算限制而使用了中国装饰形式，适宜热带气候的节俭方案。中国元素很可能是中国建筑公司的手笔。不过，前提当然是建管当局认可这种混合形式 (图3-15)。

(4)总督府野战医院(1899～1905)

这座医院尚存部分从前的建筑，如今依然用作医院 (图3-16)。

建设一所军民共用医院，是当时总督府最紧迫的任务之一[②]。建设场地早在1898年青岛第一版城市规划图中已作出规定：野战医院靠近欧人城区，建在今江苏路以西观海山和信号山间一个山坡上。三角形土地这块尖角冲南，需先把北部约三分之一土地整理成梯田状，以便建设。南边三分之一土地用作公园。规划拟定该医院军民共用，考虑通过扩建来满足未来病患增加。出于防治传染病的考虑，规划时对卫生方面特别重视：之所以建设类似花园式的独立病房楼，既为满足新鲜空气对流通畅的需要，也考虑了降低建造成本和生活费用[③]。由总督府房建管理部门实施的医院总体规划，1899年夏就已完工大半，包括建四栋无地下室的单层独立病房，一栋隔离病房，一栋后勤楼(连同下级职员住宅)。另外还有一栋药房楼、两座用于门房住宅和中国工人的辅助建筑、一座带消毒间的洗衣房、一座车库、一座太平间和一栋行政大楼连同职员住宅[④]。除行政大楼外，野战医院所有建筑朝南，整个院区内建筑全都对称排布。

1899～1905年间医院大部分建筑由广包公司(F.H.Schmidt)[⑤]施工，1914年后经多

图3-16 总督府野战医院全景(1903)

次改建，加建楼层和扩建，1905年前建成的大部分建筑已不复存在。因此，以下对单体建筑的探讨主要限于保存下来的建筑和根据当时图片可以复建的那些建筑，将按其建设时序一一说明。

1899年已建成有隔离病房、后勤楼、两座门房和药房楼[⑥]，至今只有门房保存下来。

①隔离病房(1899)

出于对传染病的恐惧，青岛野战医院很快就修建了隔离病房。隔离病房是世纪之

---

①当时的资料通常称这种建筑建得"适应(当地)气候情况"。《德文新报》37(1901.9.13)第761页。

②占领青岛时在日本横滨已有了一所德国海军野战医院，而且在青岛野战医院建设期间仍把重症患者送往该处。参见1899年度《胶澳发展备忘录》第22页。

③首先用了两座Döcker公司产临时木板房，与进口木制拼装住房一样也是从德国运来，在建成足够数量病房前一直用作野战医院的临时建筑。临时木板房作为"过渡用房"在世纪之交用途很多(医院、学校、各种形式临时扩建等)。它们可以特种装配供货，最常用的有Döcker式，由尼斯基的Christoph和Unmack、上劳齐茨和布吕默(科隆的德国临时木板房公司)经销。参见Lyon(其名不详)文《城市的一般教育事业》，载Robert Wuttke编《德国城市》一书第567~626页，这里为605页，莱比锡1904年出版。Döcker式临时木板房也是德国医院设施的组成部分，医院中大多季节式使用。参见Axel Hinrich Murken著作《19世纪德国一般医院的建筑发展》第299页，哥廷根1979年出版。

④参见1899年度《胶澳发展备忘录》第22页。

⑤参见BSB ANA517纽康甫遗捐物，广包公司的工程照片集。

⑥参见1899年度《胶澳发展备忘录》第22页。

交大医院建筑的标配[54]，用于隔离急性传染病住院病人。该病房现已不存，准确位置难以判定。从历史照片看，石墙裙抛光齐平，单层结构，两个半木结构侧楼平缓双坡顶，并各附有南向纵侧翼，其前有外廊。上部结构推测应从德国进口(图3-17)。

②后勤楼(1899)

同样建成于1899年的这座后勤楼，位于后来建成的3号病房北侧，后拆除(图3-18)。从历史照片看，这座建筑两个砖砌侧翼高两层，外施抹灰，四坡屋顶。中心建筑物单层，前有外廊。砖砌结构外施抹灰，坐落于抛光石墙裙上，两个楼层间水平线脚与窗台齐平，下层墙裙和水平线脚间的墙裙处似为清水砖墙。角浮雕装饰也为砖饰。阁楼层山墙面为装饰性半木结构。

后勤楼建设花费比病房大，至于因气候条件采用地方特有建筑方式的情况，在建筑外观上未有体现。

同年12月，首座单层的1号病房交付使用①，包括2个大病房，各配有16张病床，7个单人间，盆浴、淋浴和洗衣设施一应俱全，以及一间主任医师办公室和几间野战医院人员的房间②。

1900年完工的有车库、洗衣间③和建筑面积893平方米的2号病房，2号病房包括两间各16张病床的大病房、3间单人间、一间有包扎室和包扎材料室的手术室、一间助理医生宿舍和5间野战医院人员的房间④。这座病房以低压蒸汽供暖⑤。同年4号病房也

图3-17 总督府野战医院隔离病房，西南向视图(1900)

图3-18 总督府野战医院后勤楼(1900)

完工，建筑面积664平方米，有30张病床⑥。也许是最小的病房建筑，无中心建筑。

医院工作人员餐厅[61]和细菌检验室于1901年完工⑦。

③3号病房(1902/1903)

这座建筑仍保存作为病房使用，但在此后增加楼层并施以现代化改造(图3-19)。

这座医院里最大的病房1900年便已有规划⑧。它设有眼科、耳鼻喉科和精神病科及一间X线室。另外，这座楼内还应包含一名已婚院长和两名助理医生的宿舍、一个多床位大房间及其他医院职员房间。这个大病房同样装有低压蒸汽供暖设施⑨，它在1902—1903年度之交建成⑩。建筑朝南，可看到公园和大海。

相比其他病房建筑，3号病房拥有中心建筑、两个宿舍小建筑和两边与之相连的

图3-19 野战医院3号病房，东南向视图(2003)

①参见Kuhn,Oswald文《医院》，载《建筑手册》，由Josef Darm、Hermann Ende、Eduard Schmitt和Heinrich Wagner编写，第5半卷第4部分，1897年斯图加特出版。

②参见1901年度《胶澳发展备忘录》第32页。与砖瓦建筑的野战医院其他建筑不同，这座病房显然是用石料建成。参见《胶澳地区的建筑》一文，载《德国建筑报》22(1900.3.24)第134页。

③参见1901年度《胶澳发展备忘录》第32页。

④、⑤参见1901年度《胶澳发展备忘录》。

⑥这座建筑在引用文献中部分地也称为士兵餐厅，因野战医院护理人员主要由军人构成。

⑦参见1902年度《胶澳发展备忘录》第36页。

⑧、⑨参见1901年度《胶澳发展备忘录》第32页。

⑩参见1903年度《胶澳发展备忘录》第30页和第35页。

两个辅助建筑。这些辅助建筑和中心建筑都是两层，过去可能还有住宅和单独治疗间。多床位大房间在中心建筑北部，由于其北部呈半圆形，即使从外部也可认出。

野战医院建筑如其他大多数建筑一样，毛石墙裙，砖砌，抹灰。除中心建筑主入口外，各侧病房和房间群都有独立入口。

中心建筑南入口为石材门框：两根壁柱支撑装饰性护墙，上方有窗，两侧镶螺旋纹饰。附属建筑南入口多无装饰，但上有两个挑出支架支撑上层阳台。相对其他建筑略显凸出的南立面造型，比起城市中常见情况，受病房大小和现代技术装备的限制要少些。

1914年后才在从前单层建筑上方加建楼层。据猜测，加建楼层时考虑到立面造型的统一，参考了早在规划阶段就已确定的设计图。中心建筑上方也另加了一层，但很可能忽视了立面造型，也许该楼层是不久前才加建的。底层外廊现已封闭。

大约同时期建成的包含办公住宅的行政大楼(现已拆除)[①]位于院外今江苏路对面，双层对称建筑，由带装饰山墙的核心建筑构成，装饰山墙连接了两座侧楼，上层可通过两个阶梯塔楼抵达，上层向南接有外廊。亦如在德国一样，野战医院行政大楼独立于其他建筑。作为标志性建筑，其造价比病房高得多。由于受今江苏路位置的限制，该建筑并非朝向正南，除上层小外廊外，看不出该楼建筑结构有特别适应于当地气候的特点。

在医院建设过程中，同时铺设了车行道和人行道[②]，以便将各单体建筑连起来，并在整个建筑群南部未开发部分营造出公园的意象。

妇幼临床医院于1904年建成，至此地块内整个工程基本完成，“看似万事齐备”。[③]

建筑分离排布类似公园的总督府野战医院，被时人形容为“了不起的医院建筑，已建成的10～15座展馆式病房本身就构成一座小型城市”[④]。德国从卫生考虑研发的展馆式医院病房，在青岛加以改进使用：单体建筑(尽管基于相同的基础结构)都按各自用途分别设计，并按预期功能规定各自房间大小(即单个病房大小各不相同)。所以，即便造型相同的对称建筑，平面也不可能完全相同[⑤]，这是当时德国的普遍原则。单个病房非对称修建，个别平面造型和空间布局纯粹从功能出发，兼顾坡地地形，由此造成医院整体形式并不统一。不过相对于功能而言，形式是次要的。病房外观设计也反映了对医疗建筑不同功能的关注。不同于院外的行政大楼或后勤楼(重点放在引人入胜的外部造型，即使手段简单)，唯一服务于医疗功能的病房极少装饰。这里，3号病房有点奢华的南立面造型是个特例。摒弃单个病房造型设计上的奢华和讲究，这一点并非青岛医院所特有，德国国内同类建筑也是如此[⑥]。

毫无疑问，这座现代化的野战医院，也是为了向东亚地区展示德国的医学和医疗技术。

3. 军事建筑

第三海军营、海军炮兵和海军野战炮兵部队多年来一直是青岛西方居民人口的主体。为了安置他们，起初德国人修整了原中国军队营房，供临时使用，根本没有考虑对其实施现代化改造，以符合西方标准。为了安置整个海军营，1899年初便制定[⑦]了新建兵营的计划，当时驻军已增至约1900人[⑧]。由于必须配套大面积的骑兵、射击和训练场地，所以计划建设的三座新兵营全位于郊外，不在从前中国军队使用的区域内[⑨]。

---

①、③参见1902年度《胶澳发展备忘录》第36页。

②参见1901年度《胶澳发展备忘录》第32页。

④参见贝麦、克里格著《青岛及周边导游手册》，1906年版，第74页。

⑤同时期德国大城市中的大型医院，多对称布局建设，而在青岛就无法实现这一点。一方面是因锐角地块限制，另一方面也由于地形起伏不平的影响。总督府野战医院在德国的样板医院可参见：柏林Friedrichshain总医院(1868~1874，建筑师事务所Martin Gropius和Heino Schmieden)，柏林市立“Moabit棚屋野战医院”(1872~1873，建筑师Hermann Blankenstein和Adolf Gerstenberg)，汉堡-艾赍道夫总医院(1884~1888，建筑师Zimmermann,Behuneck,很大程度上按Heinrich Gurschmann的想法)，柏林“乌尔班河畔”市立医院(1887~1889，建筑师Hermann Blankenstein)，纽伦堡市立医院(1893~1897，建筑师Heinrich Wallraff)，以及与青岛野战医院同时期建成的柏林鲁道夫-维尔霍夫医院(Rudolf-Virchow-Krankenhaus，1899~1906，路德维希•霍夫曼档案)。

⑥参见Murken著作第329页。

⑦最初计划把整个部队安置在小泥洼营房附近城区西南端中部(参见1898年度《胶澳发展备忘录》第14页)，由于该位置对陆地防御不利，不久便放弃了该计划。

⑧参见Kronecker著作第9页。至1910年驻军达到约3000人。参见麦维德《胶澳保护区》文，载Paul Leutwein和Kurd Schwab编《德国殖民地》一书，1925年柏林出版，第321~344页，这里见342页。

⑨位于城区西南的野战炮兵兵营，早在1899年就已完工。尽管基本上属新建兵营，同样也是临时之举(参见1899年度《胶澳发展备忘录》和Kronecker著作第9页)。1909年后这座营房用于后来的德华青岛特别高等专门学堂的住宿楼和建筑地。

图3-20 依尔梯斯兵营

(1)依尔梯斯兵营(1899～1901)

该兵营至今保存完好，仍由驻军使用，因此禁止进入，也不允许从外部拍摄。

依尔梯斯兵营建于1899年11月[①]至1901年4月，按照米勒上尉(Müller)[②]的图纸用于安置第三海军营的两个连[③]，1901年4月1日军队入驻[④]。这座兵营位于奥古斯特·维多利亚湾东部(欧人)城区外约3公里处，"尤其是由于靠近海水浴场和依尔梯斯山南坡……的射击场……位置极佳"[⑤]。整座兵营平面布置与今太平山的等高线相匹配，很不寻常。贯穿整个兵营区的一条道路分开两座同样造型的士兵营房，其排布并不对称，西侧建筑位于路南，东侧建筑位于路北。侧翼建筑[⑥]分别位于两片营房区的北边和西边。由于受此限制营房平面菱形，现有场地使用很不经济。只有通过耗资巨大的大规模平整措施方可更便利地利用这块基地(图3-20)。

①参见《德华汇报》44(1899.9.30)第1页。

②参见C.Huguenin文《第三海军营史》，青岛1912年出版，第128页。米勒已建成老衙门旁的首批街道和下水道、通往沧口的大街和占领胶澳地区纪念碑，参见《德华汇报》21(1899.4.20)第1页。

③、⑤1909年最终建成俾斯麦兵营后，第三海军营的部队在该处驻扎下来；依尔梯斯兵营随后则由海军炮兵使用。参见Kronecker著作第10页。

④参见1901年度《胶澳发展备忘录》第37页。

⑥"除这两个士兵兵营外，还配有两座后勤建筑，包括食堂、士兵和军官厨房及所需储藏室。"参见1899年度《胶澳发展备忘录》。

两座双层营房建筑，当时作为一个加强连的宿舍，连内士官和一名军官也住在这里①，其基本结构，采用了一种德国兵营建筑常用、中间凸出并配有对称侧翼的基本模式。两翼从建筑中间向两侧伸展，直到两端楼阁，形成一个拉长的H形平面②。建筑长110米、南向面朝大海，两层楼上均建有宽大外廊，可通达各房间，保证室内通风良好。北侧“因冬天有沙暴”③改设走廊④。“每间宿舍面积60平方米，住10名士兵”，⑤“房间面积比德国标准多一点”。⑥

这两座建筑墙裙表面包花岗石。从核心建筑的南立面和翼楼上，可看到每层各有一个半层(阁楼层)，估计是储藏间(Stauraum)，用于弥补由于建筑屋顶低矮致使阁楼缺少储藏间的不足。一层外廊砖砌平拱连拱廊，二层则是木构连廊。核心建筑南侧中轴线处有一精心雕琢尖顶凸肚窗，文艺复兴风格。除单个角石和翼楼中间楼层窗台处线脚外，再无其他装饰。北侧建筑和翼楼间各角处有两座尖顶塔楼。这两处塔楼连同尖状山墙一起，稍稍弱化了建筑水平伸展的总印象。

很显然，由于深入了解普鲁士19世纪下半叶以来几十年在兵营建筑标准化开发方面的进展，米勒首先在卫生方面改进了依尔梯斯兵营：兵营建筑仅两层，强化了纵向伸展，便于良好通风。虽然低矮的屋顶强化了通风的优点，但就其结构本身而言并没有气候上的直接原因⑦，不过因此而缺失的储藏间就必须增设中间楼层。每间10人的配置也是德国的标配⑧，不过出于当地卫生考量，依尔梯斯兵营在配置同样人数情况

①参见1899年度《胶澳发展备忘录》第27页和1901年度《胶澳发展备忘录》第37页。

②在装有三个窗户的宽大角楼阁中，通常还有士官房间、负责兵营事务的军官和兵营守卫人员宿舍、兵营办公室和必要时的公务房间。走廊在侧翼北边。中间建筑连同外凸立面主出口装有双楼梯、其他士兵房间和卫生间。参见Stefan Kaiser《德国军事建筑——19世纪初至第二次世界大战德军兵营建筑研究》，1994年美茵茨出版，博士论文第77页。其着眼点是，由Kaiser谈到的对建筑个别部分的利用，可推广到依尔梯斯兵营的建筑上。

③1901年度《胶澳发展备忘录》第37页。也见Kronecker著作第9页。

④即使在德国，兵营建筑中的走廊——同样考虑到气候原因——也设在北边。也见Kaiser著作第77页。

⑤1899年度《胶澳发展备忘录》第27页。

⑥1901年度《胶澳发展备忘录》第37页。

⑦应考虑到，屋顶是否因害怕台风破坏而没有更高耸。香港和上海的建筑已部分考虑了这一点，当然那里台风危险远大于青岛。考虑到青岛极早期的建筑，这一点当然不应过高评价。它在施特兰茨(Strantz,其名不详)的文章《德属租借地胶澳的发展》中已谈及，文章载《陆海军》杂志第35期(1901)，第641～643页及第42期(1901)，第712—713页，这里为712页。

⑧1900年前德国兵营房间的平均大小见Kaiser的著作第75页。

下，适度增加了单个房间面积，完全值得，这在当时一份记录中被特别提及[①]。同房间一样，宽大的外廊也是基于气候和卫生方面设计[②]。在砖砌建筑抹灰方面[③]，米勒并未参照中国样式，而使用了德国的常用形式，它们更便于建造。兵营建筑造型符合1900年前后的个性化倾向，这种倾向多反映在地方特色方面[④]。“地方特色”在这里被进一步理解为关注当地气候和卫生情况，而非基于中国传统建筑形式考量(图3-21)。

在兵营西门与西部住宅楼之间，有一座别墅般富丽堂皇的双层门楼建筑[⑤]，其中很可能设有军官房间。建筑的窗户上下均用花岗石窗台隔开。该建筑屋顶同士兵宿舍一样，十分低矮。柱廊设在西侧，面对别墅区的位置，由花岗石壁柱支撑，在拱墩高度处有一条挑檐线脚，砖砌半圆拱，墙面——与整个建筑一样——都施抹泥灰。柱廊处围护结构由空心砖构成，有圆花饰的挂落(嵌套)源自中式园林或私人住宅建筑[⑥]。

在建筑比例及西式门楼建筑造型方面，建筑师展示了其丰富学识，这在之前青岛所建的建筑上很少体现。作为首座非临时性大型兵营建筑，它是一个典范，巨大的建筑尺度也体现了这一特点。由于位于今汇泉湾规划的别墅区附近，兵营建筑外观造型备受关注，比例匀称，具有如画美学效果的位置以及生动活泼的外廊立面，这些特点都很难令人首先想到其军事用途。或许因不计成本，其设计在1914年前青岛建筑发展历史中一直独一无二。

---

①参见Kronecker著作第9页；1901年度《胶澳发展备忘录》第37页。

② Kronecker著作第9页：“(···)，在一天艰苦劳动后休息，开阔的胶州湾和连绵的群山展现在人们面前，令人陶醉。”

③1901年度《胶澳发展备忘录》第37页：“外表上，这些建筑使用了突出个别部分的花岗石建筑石料，装扮得平平整整。”

④另外，这些建筑在建设中符合标准形式，但不再倾向仅作为未抹灰的砖建筑建造，而在选择建材时考虑到了——使用当地天然石料——或考虑当地建筑传统。参见Kaiser著作第78及以后诸页。

⑤在日本补绘的兵营平面图中，它画作门卫。因其大小(合适)和具代表性的外形仅用作门卫房，这一点未必可信。参见补绘的依尔梯斯兵营平面图，载于日本“外务省外交档案局”卷5.3.6.34-6-23。

⑥也见《中国古典园林分析》，中国建筑工业出版社，1986年北京出版，第21~23以及35~38诸页。也见《中国古典建筑》一书，清华大学1985年北京出版，第123~127页以及蒂洛(Thilo)文章第73~76页。窗户结构使用这种金丝编织模式，在园林建筑中具有艺术魅力，能吸引注意力。它们主要见于园林建筑，偶见于庭院内部，也许从前青岛的中国总兵衙门院里也用过，曾在衙门院内临时驻扎过一些部队单位。

No. 116. Kaserne

图3-21 依尔梯斯兵营正面，东侧士兵楼，南向视图(1903)

图3-22 俾斯麦兵营，1号、2号士兵营房，南向视图(1904)

图3-23 俾斯麦兵营1号士兵营房入口南向视图(今中国海洋大学水产馆,2016)

(2)俾斯麦兵营(1902～1909)

这座兵营建筑群保存非常好，外廊已封闭，局部可看出空间格局改变。几座附属建筑补建了新房，目前为中国海洋大学使用。

该兵营建于1902～1909年间，位于欧人区和今汇泉湾畔别墅区之间青岛山南坡上。整个规划遵循了依尔梯斯兵营的同一原则：面向大海，立面应使建筑通风良好[①]。兵营最先建造的两座建筑，窄边相接并排列在一处梯地上，南面是一操练场，西边毗连一系列后勤楼[②](图3-22、图3-23)。1905和1909年建造的第3和第4号士兵营房楼，窄面同样并排相邻，与前两座楼平行，结构简化许多(图3-24、图3-25)。整个兵营建筑群要比依尔梯斯兵营更

①1902年度《胶澳发展备忘录》第35页："本报告年度(1901年10月至1902年9月)在俾斯麦山(今青岛山)脚下，首先修建可容纳两个连队的营房，以取代中国旧兵营——东大营。建营位置极好，风景如画，可以眺望大海和珠山山脉"。

②这些楼其间部分被拆除，代之以新建筑。

图3-24 俾斯麦兵营全景南向视图(1910年后),3号、4号士兵营房是最后建的

图3-25 俾斯麦兵营最后建成的两座士兵营房(今中国海洋大学药学院办公楼, 2016)

靠近市中心，所以在规划上也更显气派。

1902—1903年间最先建成[①]的两座双层住宅楼，造型相同，分别驻扎第三海军营的两个连。其中间凸出部分连同入口都面向南侧，两侧带外廊的廊楼 (Quergebäude)连接东西翼楼，和依尔梯斯兵营的营房建筑大致相仿。然而廊楼比依尔梯斯短得多，而且东西廊楼长度不同，所以建筑整体并不对称。这座建筑现已被改建为大学用房，不可能再精确按原样恢复原房间布局。不过，其布局仍符合兵营建筑通用模式[②]。建筑的现代化尤其体现在室内的现代卫生设施上[③]。原本只是简单抹灰的住宅楼南侧装饰异常豪华。建筑南立面中央部分有三轴大门，建筑南边从前设有林荫小道[④]。建筑南立面中央有一阶式山墙，其上从前挂有第三海军营营

①参见1903年度《胶澳发展备忘录》第35页。入驻日期无法确定。华纳提供的日期是1905年，但无来源信息。参见华纳书第234页。

②参见Kaiser著作第77页。

③1903年度《胶澳发展备忘录》第35页记录道："为士兵专设盥洗室，也设有冲厕。这是东亚首次大规模建这样的设施。"

④在目前情况下整个外廊开口均装有窗户，以致从前的林荫小道都成了可用的走廊。从前位于建筑北侧的走廊，转用作增大空间了。

徽。山墙将一扇窗户上部包住，该部分中的三个窗户辅以三个小圆窗，使人隐约联想起哥特式花格窗。核心建筑南立面阳台护栏由两层尖拱组成，后来均被砖砌。

下层游廊拱装饰简单，而上层则复杂得多。上层平拱构成的装饰拱廊由爱奥尼亚式花岗石柱支撑，其涡卷形饰呈花萼形由外向里卷曲。

翼楼南立面，与中央部分建筑类似，但形式更简单：山墙稍矮，包住了一扇梯形三边窗，窗子辅以装饰拱，拱顶有圆窗。除南端外廊，兵营东、西两侧造型对称，建筑凸出部分中部冠有一朴素跌落山墙；两对窗户安装在楼层间，为其后的楼梯间提供采光。墙裙上端与窗户间有连续水平线；建筑各显著转角部位都饰有方石。

如同依尔梯斯兵营一样，俾斯麦兵营最初两栋士兵宿舍建设采用了常见的基本结构，从健康卫生角度考虑，建筑包括外廊都面朝南向，并改进了新式卫生设施。相对依尔梯斯兵营，这些营房出挑较少，也更紧凑，与只做了简单抹灰建筑的其他立面相比，尽管有外廊，南立面依然通过大面积花岗岩饰面彰显其坚固特征。这种华丽造型大量使用花岗岩饰面，相比建筑功能，造价不菲，可以说是浪费。南立面上层外廊柱位也远超德国兵营中的常见样式：这里的外廊按欧洲样板自由设计，不再作为适应气候的建筑附属品，而是相对于标准化的结构，可作独立的造型装饰表现，没有发现外廊设计中可能参照了什么样板，例如托架系统之类中式主题，而这是有意回避的。

4. 阶段成果

1898～1904年间建成的公有建筑，其造型基本效仿德式样板。

由总督府建设的青岛住房，在基本结构、空间布局、外部造型方面大致与19世纪的德式住宅一样；尽管部分建筑由于气候原因设置了外廊，但这些附加外廊并没给这些建筑打上特别的殖民印迹。此外，个别公务住宅建筑拥有独特的外部造型，可能在设计时考虑了用户意愿。例如，总督副官住宅和中国人事务专员单维廉的公务住宅，后者是立方体建筑，建有大规模外廊，很可能是根据其个人对中国风土建筑的经验了解，或者受到德国进口热带住宅启发而建成；而总督副官住宅的独特造型让人怀疑，这座建筑或许由一家中国企业所建，被当作其“西式住房”的样板房。

兵营综合建筑群和总督府野战医院效仿时兴的德国新型建筑形式，出于青岛当地必要的卫生考虑，在通风和采光方面都达到了更高标准，使这些建筑同时也具备了示范性。两座兵营耗资巨大的外部造型十分气派：俾斯麦兵营南立面的变体新哥特样式，依尔梯斯兵营面对浴场的出挑外廊立面，耗资巨大，远超德国兵营标准。帝国海军建筑师在这里特意创造的建筑样板，因造价高昂，显然不可能被青岛的其他建筑效仿。

野战医院建筑有意避免装饰，建造者把较高的采光和通风等卫生标准作为建筑的重要要求。当时建造这座建筑时既无气候条件限制，也无实际流行病威胁，即便如此，最终造价还是远远超标。(欧人)监狱大致与德国同时代建筑类似，总督府小教堂和学校是临时性的或可扩建的基本单元建筑。作为临时建筑，小教堂外表简洁，无装饰，学校建筑虽已考虑德国的建筑要求，但在立面造型，特别是在中央位置仍可看出中式形式，这些形式可能源于中国衙门建筑，但肯定不是为了模仿中国原有建筑样板。在住房方面，这些充其量不过增添一些异国情调罢了。这些中国样式很可能出自负责施工的中国建筑公司之手，这也证明当时缺少结构大样设计，这些细节被交由当地建筑管理部门或负责施工的建筑公司来处理。

总之，青岛的建筑并非如在新加坡或香港所看到的那种真正的热带建筑。在青岛，外廊只是以德国建筑艺术为准的建筑元素，与英国殖民地经典样板的“外廊风格”并不相干。当然，建设外廊还基于一定的气候原因，但更主要还是追求景观或有异国情调的效果而有意为之。

四、私人建筑

早在官方规定的移居日期前，就已有人询问房地产相关信息。不过，总督府只有在少数情况下允许私人利益相关者建造必要的建筑物。那些早在1897年前就已在中国沿海城市经营的德国贸易公司，是有意购地的主要群体。这些贸易公司的商品种类并不限于少数几种产品，而是大量供应德国产商品。最初青岛市场缺乏足够消费规模，加之缺少基础设施，所以不可能为山东内陆提供商品。因此，一开始青岛只对那些负责为城市提供基本供应特别是优先供应驻军的公司，或对供应基础设施、港口和铁路建设产品的公司才有吸引力。直到1914年前，许多德国企业在青岛都只是设立分公司，其上级代理机构则设在上海或香港。

确保租借地建设有序发展的土地制度和建筑条例，首先起到了震慑作用：人们一开始把青岛视为管理严格的军事基地，认为它不会提供企业家类似其他口岸城市那样的自由环境[①]，这显然使英国和法国公司难以接受，直到1914年前他们对落户青岛都特别犹豫。

相比之下，教会团体对租借地兴趣大得多，它们可以在军方保护下建设并扩大其机构，总督府无偿向其提供土地。在青岛从事活动的天主教斯泰尔会(“圣言会”)成立了专门代牧区，1897年前这家教会就在山东传教多年，中心设在兖州。占领青岛后不久，魏玛“福音总传教会协会”(同善会)和“柏林传教促进会”(信义会)也在青岛开始传教活动[②]。

中国人口的迁入数量从一开始就很大，其规模显然出乎总督府预料，不过总督府却乐见如此[③]。

1. 住 宅

这里将只讨论仅供居住或仅设计为住宅的房屋。

(1)安治泰主教府邸(1899)

这座除了南立面均保存完好的建筑现仍作为住宅使用，房子东侧连拱廊被一坚固砖结构取代，从前侧面塔楼的尖顶已不复存在。屋顶已全部翻新。建筑向南扩建，原先的南立面改动很大 (图3-26)。

这座建筑位于通往今江苏路湖南路口，1899年[④]由鲁南天主教协会(斯泰尔传教会)委托广包公司[⑤](Baufirma Schmidt)建成，亦如斯泰尔传教会在青岛的其他出租房屋一样，作为教团的收入来源[⑥]。最初因缺乏住宅，德华银行负责人荷曼(Homann)和米夏耶利斯(Michaelis)同样也租住于此[7]。后来这座房子根据原先规定的用途只作住宅使用。1907年后建筑师亨利·舒备德(Heinrich Schubart)在此居住[8](图3-27)。

在这座长方形两层建筑的窄面上，向西、东各建有一凸出塔楼，超过檐口线且各有一独立入口。这座建筑在南北向上从中间分为两个对称造型的复式单位。从前在南立面侧面有两段凸出山墙，其间是两层木结构外廊。在凸出山墙旁边，两个楼层上各有一木制连拱廊，向北通至塔楼入口处。这两个连拱廊最初由窗子封住，以便作为附加房间使用。建筑为四坡屋顶。塔楼和建筑凸出部分也分别盖有独立屋顶。以前，在南半屋顶上有两个小阁楼，呈现微弧形、中式感觉的轮廓，原来的屋顶同样可能受到中式(建筑)启发。

墙裙包覆花岗岩，立面造型独特，按中式方法烧制的面砖[9]颜色深浅不一，导致不同深度的灰色交互转换。墙裙、水平线脚、窗和门的装饰拱、角加固部分、梁和窗台石块可能因花岗石来自不同采石场，导致镶面颜色不同[10]。除了两座塔楼的端部水平线脚，整个塔楼花岗石镶面抛光，但未做装饰花样。窗户按各房间位置相应布局，石材窗套。如窄窗下部，在门窗楣部位，由灰砖和红砖交错拼成图案。

中式建筑形式在此只是隐约可见，且仅限于屋顶，比使用中国的建筑材料还少——这几乎在所有欧人城区建筑中被刻意避免，不过是除气候原因外适当展示一些地方特征罢了。这可能与委托人斯泰尔传教会的观点有关，同样的特征也可从该教会

①参见von Hämisch文第2页。
②参见1898年度《胶澳发展备忘录》第8页。
③参见1899年度《胶澳发展备忘录》第14页。
④这座房子东面大门上方刻有1899年(建)的文字。
⑤参见《德国之角》(1983)第9页。
⑥参见《斯泰尔传教会信使报》(1914年9月)第186页。
⑦参见《德国之角》(1983)第9页。
⑧参见亨利•舒备德摄影背面的手写记录，此照片存魏尔纳•舒备德博士(Dr.Werner Schubart)处，舒备德博士住里林塔尔(Lilienthal)市，为亨利后人。
⑨这些砖显然质量较差。主要是在楼东面个别位置砖厚薄不一，个别多孔砖呈驼背形凸起。中国制砖情况也见Pieper的文章第1227页。
⑩大多过梁及楼层横线脚的部分，均由颜色较深、很可能更结实的砖构成。

图3-26 安治泰主教住房南向视图(左,1903)、东向视图(右,2016)

后来在青岛建造的建筑中观察到。斯泰尔传教士从1882年起便在主教安治泰(Johann Baptist von Anzer)(该楼便以其冠名)领导下在山东传教，因而积累了多年使用中国建筑材料和中国建造方法的经验。早在德国占领青岛前，该教会传教士便在兖州和济宁建造了教会建筑，青岛的这些教会建筑群必然会秉承其建筑理念。可以推测，安治泰主教府邸的设计和施工管理都由教会传教士负责。

(2)阿里文住宅(1899)

这座建筑保存完整，现仍用作住宅。但外廊处已完全被封为窗户。

图3-27 安治泰主教住房西南向视图(1930)

这座为胶海关税务司阿里文(Ernst Ohlmer)修建的气派住宅楼，1899年10月[①]竣工，位于总督临时官邸附近的今鱼山路至莱阳路入口上方的汇泉湾畔。该建筑由阿里文自己设计建成[②]。早在1897年前，阿里文就在北京从事建筑师工作，设计了整片欧式海关建筑群、德国、俄国和意大利公使馆建筑，现均已不复存在[③]。阿里文住宅的官方所有者为中国皇家海关署(海关总税务司)[④](图3-28)。

这座双层建筑建于一近乎方形基地上，依据山坡地势向南有一较高墙裙。屋顶低矮，为金字塔形。立面东西两侧各有一单层凸出部分，是住宅入口。入口处平屋顶用作阳台。院子大门设在面向鱼山路的西侧。在建筑南立面中央，有一近乎半圆形凸出，延伸至墙裙和第一层上方，构成一个阳台。南向二层有一贯通外廊与建筑连为一

图3-28 阿里文住宅西北向视图(2008)

体，可通阳台。建筑北侧有一座现代式附加建筑，可能是1914年后加建的⑤。

建筑各立面抹灰，并以水平线脚横向划分。檐口线脚因其厚重和丰富的装饰图案有别于其余造型统一的水平线脚。墙裙处镶毛石，均匀嵌入的半圆拱造型使其富有韵律感。南立面造型华丽，斥资昂贵；立面中央的半圆凸出部分占主导，可从二层外廊通过三个半圆拱到达阳台。在立面外侧两开间轴线上，上下楼层均有带壁柱彩色玻璃双窗；凸出部分立面由半柱划分。

①参见1899年度《胶澳发展备忘录》第28页。

②“总督临时官邸前不远处别墅属于中国海关，其来自希尔德斯海姆的税务司阿里文建造了它。”见贝麦、克里格《青岛及周边导游手册》1906年版第91-92页。

③参见华纳书第296页。

④参见贝麦、克里格著《青岛及周边导游手册》，1906年版第91页。

⑤起先该处有一分开的辅助建筑，只是后来才与主楼接起来。参见“青岛及郊区略图”，载联邦档案馆军事馆案卷RM3 6798-56(1900年10月4日前的建筑物情况)。

图3-29 阿里文住宅东南向视图(上,1910)及西南向(下左,2004)、东南向视图(下右,2016)

西南角木质连拱廊(窗)打破了建筑的比例及南立面的对称性，影响了整体结构的清晰性，破坏了其整体形象。基地上原有一处气派的花园。这座别墅建筑庄严华丽，无论从建筑比例还是南立面造型看，都让人联想到19世纪以来德国的经典别墅建筑。

阿里文通过在二层建造外廊改进了德国原型。这种改进虽然很好融入了建筑，但不是作为独立的、立面特色元素出现，而是通过在两个外侧窗洞处使之服从于立面结构(图3-29)。

(3)罗兰特·贝恩别墅(1900)

这座住房在今沂水路和湖南路间的江苏路西侧，相对并不显眼。1900年，该建筑由广包公司[①]为顺和洋行(Schwarzkopf und Co.)[②]代理商罗兰特·贝恩(Roland Behn)所建，保存完好，现用作派出所。连拱廊已被封堵，上层木制连拱廊代之以结实的砖石结构 (图3-30)。

该建筑由一座两层核心建筑构成，东南角建有一座塔楼，有楼梯通到楼上。整个东侧建有一阳台状前凸露台，可从东南侧楼梯到达。入口在东侧凸出山墙内。从该处狭窄过道通达首层房间。建筑东北角的两个楼层从前各有一连拱廊，顶层木制连拱

图3-30 罗兰特•贝恩别墅东南向视图(1904)

①参见巴伐利亚州州立图书馆档案BSB ANA517纽康甫遗赠，广包公司(工程)图片集。这座楼是按照片文字确定(建筑)日期的。

②参见《德华汇报》(1899.1.14)第2页。

图3-31 罗兰特•贝恩别墅东向视图(2016)

廊。这座建筑双坡屋顶，入口处、楼梯塔楼和木连拱廊分别独立设顶。

这座建筑的立面整体抹灰。除塔楼外，楼层间立面上都有水平线脚，建筑东立面和南立面外观十分精致。塔楼、中间凸出墙面和连拱廊将东立面分为三个不均匀段。立面上不同形式的窗户使建筑造型富于变化。很可能在1914年前就已加建的入口处雨篷将原山墙处入口向东延伸。南侧立面除顶楼一凸肚窗外，整体十分平整；东侧双窗在两个楼层间通过抹灰装饰拱彼此相连 (图3-31)。

核心建筑北、西和南侧呈简单方形，因增加了东立面显得气派。从街道视角观看这座建筑富于变化，局部如画般。不过，塔楼和阳台也为其适当增添了一些庄重效果。东北部两个连拱廊仅从其所在位置即可判断为立面造型元素；并非考虑气候或防止阳光直射。

(4)卡普勒楼(1901)

该建筑外观依然保存完好，仍用作住宅(现已改变用途)。由于多户居住于此，原有房间布局改变很大。外廊早已封闭，北侧后期加建有厨房 (图3-32)。

这座双层(中国的三层)建筑山墙上刻有(建于)1901①字样，原为卡普勒(Kappler)一家②的住宅，位于今曲阜路与浙江路交叉口。这座独立别墅装饰造型各异，其附属建筑同样如此。这些装饰亦如在几个附属建筑上一样，胡乱拼贴。这座几近立方体的建

图3-32 卡普勒楼(安娜别墅)东南向视图(1905)

①该楼很可能稍晚建成，因“青岛市中心区和大鲍岛”地图(截至1901年10月1日的建房情况)上(1902年度《胶澳发展备忘录》附录10)并未绘有它。在后来的地籍图上(建房情况截至1902年8月)(此图为马维立教授所有)才绘有此楼。

②不排除这座形式上纯粹相当于住房的建筑也包括德远洋行的办公室。这家德远洋行，后来开设了一家砖瓦厂，1899年12月9日开业。参见《德华汇报》3(1899.12.9)第2页。按照马维立教授提供的情况，在1903/04和1905/06的通讯录上R.Kappler sen为砖瓦厂主，而H.Kappler也是砖瓦厂主，两人均住今浙江路。很可能这两位Kappler先生中的一人是该楼的设计者。

图3-33 卡普勒楼东向视图(2015)

图3-34 卡普勒楼西北向视图(2015)

筑北边凸出一盔顶塔楼。西偏北凸出一弓形体块，非对称布置；然而该塔楼高度并未完全达到檐口，而结束于一座阳台的栏杆处。阳台背后是一装饰山墙。原有主立面面向南侧，由于基地南边为另一地块，所以不能直接从南向近距离看到建筑南立面，只能远观。南立面由一对称前置两层外廊划分，外廊当时已封闭。与东侧凸窗相似，该凸出部分由一座稍低于檐口线的阳台在上方封住，其背面也有装饰山墙衬托。(北)西侧阶梯塔楼立面上有菱形窗，呈螺旋楼梯排列。楼内房间配置与德国类似，首层是用于交际的(应酬)客厅、厨房和用餐室，上层是私人房间和卧室[①]。建筑上看不到因气候原因所做的特别处理。原有楼梯上方是一孟莎式屋顶，屋顶转折平缓。屋面各侧都设有老虎窗。塔楼屋面为独立铜质洋葱式屋顶 (图3-33)。

每个建筑外立面上布满众多装饰图案，既划分立面也具有装饰功能。两个楼层间有一道较宽的水平线脚，一直延伸至塔楼并贯通边房。带悬臂托架水平饰带的华丽檐口贯通立面。所有墙角都有隅石装饰。窗子大小和形状富于变化。上层窗户上都有弓形或三角窗山花。外廊立柱和立面装饰壁柱带凹槽，上设方形托斯卡纳柱头。下层假壁柱过渡到其上方拱檐线脚但不与之相连：在这里，放弃了建筑装饰的相关性，强调个别结构元素的纯装饰性。南侧山墙特别精雕细琢，外轮廓装饰有立于墙裙上的旋钮饰物。东侧饰有方尖塔的三角山墙，上刻建造时间铭文。楼梯塔楼除菱形窗和檐口线脚外均无其他装饰。

这座造型丰富的建筑很显然是作为德远洋行(建筑公司)的招牌设计的。设计者非常仔细，尝试将建筑外观所有空白处均施以装饰。虽然在占领青岛早期这么做可理解为展示企业的工艺能力，但也仅仅是形式堆砌。简单的建筑形体与繁缛的装饰、杂乱无章的折中主义、背景墙式的立面设计之间并不相称，其最终效果显示出建筑师激进的设计意图以及肤浅的见解 (图3-34)。

(5)李特豪森别墅(1901)

这座建筑保存完好，现今是一座幼儿园 (图3-35)。

奥托•李特豪森(Otto Ritthausen)[②]住宅建于1901年[③]，位于今湖南路，在青岛内界规划的花园别墅区范围内。

这座双层建筑退后街道很远，由近方形房体构成。房子东北角增建一侧房容纳杂物。南立面前的中央阶梯上面是带柱廊开放式入口前厅。该门厅上方接有凸肚窗形扩建部分，平面与门厅平面相同。其上为阳台，在阳台檐口高度后面另有一房间，由一段截成弧形屋顶面墙装饰正面封住。建筑内各房间可通过中央大厅和其后楼梯进入。这是别墅设计里常见的平面布置。[④]

整座建筑立面抹灰；顶楼抹有分层混合灰浆。主楼两个楼层及辅助建筑侧翼窗

---

①我只看了底层各部分。代替一座厅，该处有一门厅可通达各房间。主楼梯则在阶梯塔楼中。

②奥托•李特豪森曾是青岛首批私商之一，1899年4月其贸易公司大森洋行(Otto Ritthausen& Co.)就进行了商业注册。参见《德华汇报》(1899.4.10)第2页。

③在1902年度《胶澳发展备忘录》附录4的地图上有截至1901年10月1日的建筑状况，此时该楼正在建设中。此楼载“青岛中心城区和大鲍岛图”(截至1901年10月1日的建筑状况，见1902年度《胶澳发展备忘录》附录10)

④在这座楼中很可能有该公司的办公室。

图3-35 李特豪森别墅远景(上)及近景南向视图(2016)

台水平线脚和拱墩线脚贯通。第一层拱墩线脚上角石铺装。在檐口上，一女儿墙体经整个对称结构南立面延伸，掩盖了后面的屋顶。中间山墙由两个哥特式尖顶从侧面支撑；另两个哥特式尖顶作为装饰元素贯通封闭女儿墙。其他两个较小三角装饰山墙则建在东西两侧。附属侧翼朝南部分又增加了一个弧形装饰屋檐。南立面大窗户后房间可看到街景，以前可能是阳台。

这座从容不迫矗立的建筑连同其富丽堂皇的立面造型一起，呈现一种高贵气质。不过，该建筑上这些源于不同风格的装饰形式使用太过随意，处理也十分粗糙。在屋檐护栏上方区域，就可以看到这样的缺点。

(6)瓦特逊住宅(后归保尔·伯尔根所有)(1901)

这座建筑保存完好，目前在该住房旁还有一家门诊部。

瓦特逊博士(Dr.Watson)住宅在今江苏路西侧，建于1901年①。核心建筑两层(中国三层)，平面长方形。建筑朝东面向大街处有凸出山墙，南立面是一两层外廊，对称结构，底层居中有一入口，置于原核心建筑前方②。从前的房间布局不详。建筑屋面为孟莎式屋顶，南侧外廊上方平屋顶，凸出山墙有单独屋顶。东立面是房屋主立面。在东山墙中，楼上及底层曾建有连拱廊③。建筑北侧和西侧除楼层水平线脚和交错砌筑墙角毛石外统一抹灰，无其他装饰 (图3-36)。

该建筑拥有两个不同、明显彼此分离的立面。东立面符合19世纪末的标准化住宅类型。南侧的外廊设置很可能考虑了气候影响，其半圆拱和对称结构如在中国南方租界城市中见到的外廊立面一样(图3-37)。两种截然不同立面很可能归因于这位英国业主。尽管两个立面不同，朝向街道，南边门廊的倾斜单坡屋顶被护墙遮盖，但两侧连拱廊栏杆及外廊护墙相同 。

①在“青岛市中心区和大鲍岛地图”上(建筑物情况截至1901年10月1日)载有该建筑(1902年度《胶澳发展备忘录》附录10)。

②其东立面局部外廊。

③今天尚保存的各房间向后与建筑体同高，这很可能——也是因窗子过大——是从前的亭子。另外，现在的窗户安装也不均匀：在一层，栏杆高度约在侧壁中心，而在底层则在侧壁内端，这同样说明这种情况是变动过了的。

图3-36 瓦特逊住宅旧址东向视图(2016)

图3-37 瓦特逊住宅东南向视图(2016)

(7)保尔·伯尔根住宅(约1901年)

这座建筑位于今湖南路，基本结构保存完好；外廊被封上窗户。上层外廊以前可能是木制护墙，现用砖砌住。目前该建筑仍作为住宅使用(图3-38)。

这座建筑约建于1901年①，是美国传教士保尔·伯尔根(Paul Bergen)的住宅，位于总督府广场以东今湖南路北侧。尽管位于别墅区，但最迟约到1905年，还有一个临时用途，即作为美国长老会传教站②。

这座双层建筑平面长方形；东侧凸出一弓形体块带有单独出檐线脚的塔式辅助建筑，与建筑檐口等高。在四开间的建筑南侧和可能部分两层西侧位置，以前建有开放式门廊，与建筑融为一体，并统一覆顶。外廊在底层是半圆拱开间、上层侧支撑水平横枋。屋面为低矮的四坡屋顶，由于纳入外廊轮廓稍呈弧形，与南向阁楼按中式模板弧形脊线一起，赋予这座建筑异国色彩。

建筑右边留有很大一片空地，可能是为后来的花园留出空间。但这座房子后面有

图3-38 保尔•伯尔根住宅西南向视图(左)及西向视图(2021)

①这座建筑在“青岛市中心和大鲍岛的地图(截至1901年10月1日的建筑状况)”上已载入(1902年度《胶澳发展备忘录》附录10)。

②参见图片题名(“美国教会”)，载于1902年度《胶澳发展备忘录》附录10。不同于德国教会从总督府无偿得到地皮建设传教站，美国长老会必须自己出资购置地皮建房。在欧人居住区内该临时传教站位置很可能符合传教士家庭的个人偏好。1905年后该教会购买了一片“真正的教会大院”，位于德国新教教会附近，即也在欧人城区外，现已不存。参见Weicker著作第188页。伯尔根是1899年后才来到青岛，但1903年被传教士大卫(Davies)取代。1912年这块地皮仍在伯尔根名下。参见BAMA RM3 7002附录(地籍册部分，截至1912年2月23日的建房情况)。有关美国长老会和传教士保尔•伯尔根的全部信息均源于波恩的马维立教授。

一座大型花园，所以也可能是为了后来加建附属建筑或扩建而准备的预留地。除楼层间水平线脚外，建筑立面无任何装饰，最初未施抹灰，直到1907年后，建筑外立面都是清水砖墙[①]。

除了阳台，南立面没有任何装饰，平屋顶强化了建筑宽大的方形体量，彰显其“外廊风格”，这种风格在中国南方港口租界建筑中占主导地位。这肯定是业主伯尔根要求的。他要么不了解德国模式，要么是寻求参考中国其他地方传教士的简单建筑样式。

(8)捷成洋行别墅(约1903年)

这座建筑位于今沂水路，外观改变很大，现为青岛市城市建设局办公建筑的一部分，向西扩建了。在此过程中气派的南立面被改变，早先的塔楼，也许作为造型重点特别建的，现已不存。北立面也被改动。捷成洋行别墅坐落于沂水路路北，后来的总督府以东第三海军营营部旁著名的别墅区内。该建筑大约1903年建造[②]，最初或许租给捷成洋行(Diederichsen,Jebsen & Co.)办公用。楼以西直到海军营营部的地皮，直到1914年后都仍未建房，但其上却有一座带网球场的大花园[③](图3-39)。

这座两层组合式别墅，楼顶带有扩建阁楼，入口位于北侧不显眼处。建筑东南角还有另外一个小入口。从前南向主立面造型由于后来的扩建未能完全复原。以前的主要装饰，今天只体现在抹灰表面和砌体结构的变换以及一楼可能最初加设的石凸窗上，然而凸窗突然止于楼层上端，但并无窗户通常该有的上部结构。由此推测，山墙凸窗或许一直通到已不存在的塔楼部分，这一点从塔楼平面图纸上也可看到[④]。凸窗以上山墙面镶有框架结构。底层有一大窗，从前为一连拱廊。房子东侧底层有裸露砖墙，局部使用平行绿色釉面砖条装饰，显得很活泼。其上方立面衬砌有框架结构，阳台布置不同，立面划分富于变化。建筑上层墙面因受阳台悬臂托架支撑稍凸出底层。建筑东侧中间部分凸出：平面布局似教堂半圆室，到了上层又重新变为长方形平面。凸出部分南边曾有一小阳台，现在该处还保留有曾经的支撑托架。底层立面上窗户形式多变，楼上由于框架结构限制，窗户则统一为长方形窗[⑤]。北立面已大为改变，西

图3-39 沂水路捷成洋行别墅(左, 1910)及捷成洋行别墅旧址(2014)

立面由于后来的扩建也已完全改变，只保留建筑上层从立面北部凸出的框架结构，该建筑以前是砌体结构，小面积表面抹灰。

分组和各种悬挑构件，以及山墙和若干单坡老虎窗，再加上不同高度屋顶，形成变化多样的小型屋顶景观。由于气候原因，北边屋顶低矮些。目前的屋顶翻新了。锻铁制造的青年风格派车行入口大门依然存在。底层南侧布置富丽堂皇的大型房间，北边的房间较小，中间一个狭窄楼梯间联系起所有房间，一条小过道通达二层(德国一层)各房间。与底层南向房间大小类似，但北向房间小些，且因屋顶倾斜使用空间受限。整个房屋的空间布置类似十九世纪下半叶的普通别墅。以前的内部装修，除楼

①这一点从魏尔纳 • 舒备德博士(居住在里林塔尔)所持有照片上可以看出。这张照片是亨利 • 舒备德(1907年后住青岛)拍摄的。

②一张南立面正面标有日期1902年6月的照片存东京大学亚洲建筑研究所档案中。在标明为1902年8月4日建房情况的临摹地籍图上(波恩马维立教授持有)，尚未绘有这座建筑。因此，这座房子不会早于1903年建成。

③参见纽康甫遗赠文献：代替一后记，载保尔 • 多斯特(Paul Dost)所著《德属租借地与山东铁路》，克勒费尔特1981年出版，第261~272页，这里为271页。

④参见存于东京大学亚洲建筑研究所档案中南立面正面标有日期1902年6月的一张照片。

⑤在东立面南边，设计图与施工图有所不同：代替楼角的门，在设计图正面可看到有一大门状开口，它如相邻窗户一样由一鞍形屋顶构成。在楼梯入口旁可看到有一部分栏杆。在此范围原可能设计有一凉亭——也许其后有房子入口。因此也可说，旁边的窗户形状相同，有同样造型栏杆而无窗框和划分。可以设想为该凉亭的延伸。但嵌入凉亭在楼内部大大缩小了房间。可看出立面上的砖如楼内其他砖一样有同样的破损情况，因此不能据以说明这里是后来改变的。相反，也许是修改了设计。

梯间木质镶板外，只有底层东北向房间里尚存墙面砖。在建筑底层西南角最大的房间中，留有精心设计的木制天花板，部分呈方格状且带平行层图案。另一件稀有物件是瓷砖壁炉，以前从底层楼梯间给相邻房间加热，壁炉上端有一块瓷砖，上题造于1903年字样。瓷砖壁炉和墙面砖都从德国进口。

因改造中取消了外廊，所以这座建筑无论外观还是内里在青岛都算常见，但从前南立面外廊似乎在德国别墅建筑并不罕见。总之，该建筑以德国样板为例，这些样板在德国兴起的那个时代曾广泛应用，但绝非时髦[①]。其中有意追求传统的例子就是瓷砖壁炉上的铭文过分追溯历史感，然而却是同时代的形式。从部分冲蚀深孔可知，当时砌砖质量不佳，导致现在部分砂浆缝十分凸出。

(9)捷成洋行住宅(1904)

该建筑位于今汇泉湾畔，内部依然保持完好，现由幼儿园使用。连拱廊已被封住，砖表面部分因冲蚀而损坏(图3-40)。

这座住宅或许如其他捷成洋行所建房子一样，供出租用。建筑位于今汇泉湾畔总督临时官邸附近，1904年由广包公司承建[②]。

这座双层住宅建筑，南立面连拱廊和西立面都有小入口。底层窗台高度以上立面包饰面砖，墙脚立面用毛石。在建筑东南角，两层楼都有连拱廊：底层连拱廊向南被一处都铎式拱封住。楼上则是木制连拱廊。西立面有一凸窗，其山墙上有半木框架结构。凸出部分底层有一北向小凸窗，与西立面上另一处同样造型小凸窗构成一对。原有核心建筑为四坡屋顶，在楼梯间位置降到底层高度。

住宅内部没有大厅，各房间由一小走廊连通，向北凸出的楼梯间与之邻接。

尽管所处位置优越，但同捷成洋行其他住宅相比，这座住宅体量较小且平淡无奇，属于19世纪下半叶流行的基本结构。无论造型抑或施工，细节或质量都有缺点。例如西面的饰面砖，虽涂有防护漆，部分却已剥落。

很显然，这栋住宅只是这家公司在沂水路上所建住宅的一个简单变种。不过位于今汇泉湾畔别墅区的优越位置，其建造如此平庸，着实令人费解。

图3-40 捷成洋行在汇泉湾畔的住宅西南向视图(上,1905)(下,2008)

(10)阶段成果

1904年前青岛的多数私人住宅建筑，直接以世纪之交的德国住宅建筑为标准。同样，建筑使用情况也与德国大致相仿，故而与同时期公有住房建筑几乎没有区别。设

①这种别墅建筑——包括青岛的建筑不可能有的地方性特点——自1860年代就存在，参见Wolfgang Brönner《1830～1890年间德国的市民别墅》，沃尔姆斯1994年出版，第121等诸页。

②参见巴伐利亚州立图书馆ANA517纽康甫遗赠，广包公司照片簿。该处图片文字既有建筑日期"1904"，也有房主的名字。

计这些建筑的建筑师并不很有名。很可能，无论公有还是私人住宅建筑，均出自同一批建筑师之手。这些建筑的不同造型表明，风格选择掌握在委托人而非城建局手中，且相关建筑条例不具有影响效力。捷成洋行的建筑或许出自其自己的建筑师之手，但就其他建筑而言，应该都是按照委托人的想法单独设计。主教安治泰府邸中南向的木制外廊，便于居住者看海；当然，也有气候方面的考虑。在其他住宅建筑中则看不到如此大面积的外廊设施。小型凉亭(Lauben)——就其布局和尺寸而言在德国建筑中也会经常出现的那种——也出现在捷成洋行和贝恩别墅(Villa Behn)的建筑中。不过，贝恩别墅中连拱廊位于北边，仅作为建筑设计中的装饰元素，并非出于气候考虑。区别于同一时期的商住用房情况，私人住宅外廊和连拱廊的使用有其自身意图，基本符合德国常见的使用情况。

瓦特逊、保尔·伯尔根和阿里文的住宅被认为是例外，其南立面明显参照了“外廊风格”。在伯尔根和瓦特逊的住宅中，外廊似乎用来连接房间通道。与安治泰主教府邸情况不同，这里的外廊是日常使用空间的一部分，而非舒适的附属品。两座建筑之所以定位于“外廊风格”，原因也归之于委托人和房屋业主。胶海关税务司阿里文住房由其本人设计——无论是其低矮的建筑屋顶还是近乎方形的平面，都与他所设计的海关总税务司建筑相类似。这些建筑很可能以英国的殖民地建筑为样板，但上述所有这些建筑都未体现中国元素①。

2. 商业建筑

这里将讨论1904年前由私人建造的建筑，用于众多不同商业领域。总之，以下汇总的建筑非常多样：包括酒店和交通建筑，许多办公和店铺建筑楼上用于出租住宅。为了更准确区别于仅供居住的建筑，1904年前建造的所有混合用途建筑都在这里中列出。

(1)亨利亲王饭店(1899年1~9月)

这座1899年由上海曼德尔公司(Mandl)建设的宾馆于同年9月1日开业②，位于今太平路，即海边林荫大道。按照城市规划，今太平路与青岛路交界处以西地块将用于建设高档商业建筑。在德国占领时期，1905年在宾馆北侧增建了一座音乐厅，1912年对西侧进行改扩建；1949年后用作市政协办公楼，1991年拆除。

这座两层建筑与海岸平行，由纵向主楼和垂直主楼的两个侧翼构成，中间为入口山墙，侧面建有两座角亭阁。它共有40个房间。底层设有餐厅、阅览室、亨利亲王大厅和台球室。客房位于二层。走廊位于建筑北向，各房间可单独通达南立面外廊。单层厨房和服务用房在西北侧翼。侧翼为双坡屋顶，其下可能设有其他后勤用房和贮藏间，烟囱冠有中式弧形轮廓顶，侧楼阁的双坡屋顶相对低缓(图3-41)。

朝向大海的南立面在入口区和两侧楼阁间各有五开间两层外廊，在两层楼中均由圆柱支撑[③]。在上层，中式弓形托架即所谓雀替[④]，用于连接水平隔墙。二层外廊基本结构借鉴了海滨浴场建筑，在中式里院建筑中也可观察到同样的借鉴。用中国古典建筑元素装饰，使酒店外墙有了属于自己的异国情调和特定的场地特征。

在几乎未出房屋基线的中间区域，底层设有入口，上方二层有内阳台。不论在该处还是在亭子厅南侧建筑装饰都相当简单：入口区域由三拱柱列构成，上方内阳台采用这种结构作为柱列。

山墙镶有一圆窗，且侧面和顶部都有檐口装饰，一条简单扁带饰分开了楼上层。与亭子厅一样，中间凸出部分墙体转角砌毛面方石。亭子厅南侧造型更简洁：上下楼层窗楣装饰假平拱，在同样由一檐口至下方封住的山墙上，内切镶有一窗户的另一山墙轮廓。建筑东北角曾另有一座无装饰两层木构外廊[⑤]。各立面形式大部分十分简单，组合却十分有趣。窗间距因房间次序而富有变化，立面上既有平拱窗也有半圆拱

---

①林德这一说法有误。——编者注

②该宾馆在这期间与沙滩饭店一起由青岛宾馆股份有限公司经营管理，1910年后则由哈唎洋行(Sietas,Plambeck & Co.)经营。参见《德国殖民地手册》11(1911)第255页。

③只在入口区以西的底层用墙围住了。

④在结构上并非必要的雀替支架，由中国屋顶结构的弓形支架发展而来并独立用作装饰。参见罗哲文编《中国古代建筑》，1990年上海出版，第87和266页。另见Else Glahn文章“中国建筑标准展示：营造法式研究”，载于Nancy Shatzmann Steinhardt所编《中国传统建筑艺术》一书，1984年纽约出版，第48~57页，以及同一书的“宋朝的支架系统”一文，第121~125页。雀替支架广为流传：此前老衙门的这种支架结构很可能就是支架解决方法的一个范例。

⑤它从前很可能是通过了楼房中心，但在1905年增建音乐厅时缩短了。

图3-41 亨利亲王饭店，东南向视图(1899)

图3-42 亨利亲王饭店南向视图，右方是德华银行(1901)

窗。底层较大的窗间距上饰有图案，在间距最大的位置中有一个中文“寿”字。这是中式建筑中常见的吉祥图案，在老衙门和青岛村镇的其他建筑上也可找到。

这座建筑使人联想到沙滩饭店，因其对着太平路的南侧外廊立面，在不显眼背景下反而显得富丽堂皇。至于空间布局和立面造型，则与德国东海岸和北海岸许多海滨宾馆有共同点。原本朴素的建筑被中式母题赋予了特别标记，这些母题可理解为纯粹装饰性的附加物。中式纹样很可能出自中国建筑公司的木匠、泥水匠之手。当然，必须获得委托人同意，并按委托人的想法实施(图3-42)。

(2)山东铁路公司管理处办公楼(1899)

这座建筑外观仍保持很好，如今用作幼儿园[①](图3-43)。

该铁路公司管理处原办公楼位于火车站以东，1899年按照山东铁路公司聘用的建筑师锡乐巴(Heinrich Hildebrand)设计的图纸建设[②]，工程负责人为路易斯·魏勒(Luis Weiler)[③]。按标准模式设计，每层由中央走廊串联起各房间。基于对空间的更大需求，东西各有坡屋顶，均分布3扇三角老虎窗。该建筑并不像总督副官宅邸那样使人联想到可能的中国建筑模式。

这座双层建筑基座由砖石砌成，除了两条凸出的砖石砌成的檐口线脚外，整座建筑别无其他建筑装饰。窗台由花岗岩砌筑。

这座建筑完全移植了世纪之交德国流行的普通办公楼，无中式建筑元素[④]。

大楼东面两座简单附属建筑也保留了下来，但改动很大。一张约1910年的照片表明这两座建筑曾设有中式屋顶。如果说建设主楼时辅助建筑就是如此，这或许是“从

①现为居民楼。——编者注

②、③“我们的办公楼(山东铁路公司)，直到基座处完工，我都委托建筑监理部门验收。施工由中国企业祥裕庆(译音)计件来做，部分建材由我们在本地采购，部分从上海采购。我现在就可以说，本地的建造费用比国内昂贵得多。”慕尼黑德国博物馆(DMM)，路易斯•魏勒的信件，编号47，日期为1899年4月12日。锡乐巴和魏勒都在那里工作过的山东铁路公司的建筑部门，受委托建了铁路办公楼(22000大洋)、德华银行大楼(45000大洋)和一处快运货物仓库(5000大洋，已不存在)：“最初两个大楼原来的建筑师自然是锡乐巴本人。因此，所有账目和建材订购均经我手，所以我开始相当熟悉劳动市场。”DMM，路易斯•魏勒信件，编号56，日期为1899年6月17日。也见1899年度的《胶澳发展备忘录》第28页。对其信件的进一步处理见Falkenberg文章第113～134页。

④大楼内部房门全部装饰中式花鸟木雕图案。——编者注

图3-43 山东铁路公司管理处西南向视图(2017)

风格上”接近该对附属建筑的用途，即供中国服务人员住宿的最早例子。

(3)德华银行(1899～1901)

这座建筑外观保存完好，现用作住宅 (图3-44)。

德华银行青岛分行，自1899年3月[①]起按建筑师锡乐巴的设计，在今青岛路入口以东的太平路开建[②]，该建筑师还设计了铁路公司管理处的办公楼。1889年德华银行由包括若干德国大银行在内组成的财团设立，用以与英国银行(首先是汇丰银行)竞争，并于1890年开始营业。其总部设在上海，最初并不满足于只享受德国在华贸易商行的无限承兑[③]。在天津和汉口开设分行后，又在青岛开设了第三家分行。怀着将成为租借地最重要信贷机构的雄心，它在太平路选取了一处非常显眼的地块，很早就建设了富丽堂皇的银行大楼。

这座复折屋顶高耸的双层小宫殿式建筑，坐落于巨大毛石墙裙上，内部中央有一

图3-44 德华银行西南向视图

个大厅，边缘有一些较小房间。

在南侧和西侧两个类似立面上，两个楼层都有半圆拱形连拱廊，与建筑浑然一体，现已被窗户封住。两个立面分为六开间；建筑入口略退后立面红线，为了使入口能明显从两个方向看到，从建筑西南角看到的第四个开间就被设计得宽一些，并在檐口上部各装一段希腊阿提卡式护栏强调效果。因此产生的非对称结构主要体现在南立面上，大门轴线以北两拱跨度更大，这样入口轴线就几乎准确落在立面中心。下层半圆拱廊，由带斜切棱角的粗大柱子支撑；上层饰顶半圆拱由简化爱奥尼亚柱支撑。

建筑其他立面简单抹灰，按房间划分增加了窗户，三条水平线脚贯通整座建筑，分隔楼层。

①参见《德华汇报》(*DAW*)22(1899.4.27)第1页。

②参见慕尼黑德国博物馆(DMM)，路易斯•魏勒的信件，编号56，日期为1899年6月17日。

③参见Maximilian Müller-Jabusch《德华银行五十年》，1940年柏林出版，第33～39页；Bernd Eberstein《汉堡•中国——伙伴关系史》，汉堡1988年出版，第198页。

图3-45 德华银行东南向视图(1903)

在部分立面造型上，这座建筑基本遵循意大利文艺复兴时代的宫殿模式设计，此种建造方式在19世纪晚期银行建筑中十分常见[①]。虽然基本上是因气候在南侧和西侧设了外廊，但它们依然作为建筑立面最重要的元素来阐释：两个基本相同立面造型的变化显而易见。因而，在西侧，通过公众进出大门的入口轴线中心位置，形成立面威严对称的印象，只是被北边拱门较大的跨度抵消了。南面则使用相同手法呈非对称造型，赋予这座面向太平路的建筑些许浪漫色彩 (图3-45)。

该建筑造型完全不受中式风格影响，是德华银行在华独立建造的大型银行建筑[②]。因考虑气候因素，造型华丽的立面外廊呈现非对称韵律，显然赋予其独有的地方特色，有别于造型类似的英国分行的银行大楼。这一点在南立面上清晰可见，该立面设计特别适宜远观。相反，同样结构的西立面，即使只

①参见Dieter Dolgner著作《历史主义——1815~1900年的德国建筑艺术》，莱比锡1993年出版，第131~133页。

②在建造这座银行大楼时，德华银行上海总行已入驻约1880年建成的一座大楼中，1930年代拆除该楼，其“英国建筑方式”曾饱受批评；相反，因气候原因“部分依借意大利模式”的“建筑物外观的大厅建筑艺术”则受到正面评价。参见Fritz Woas文章《来自远东》，载《德国建筑报》72(1904.9.7)第449~452页，这里为第451页；汉口和天津分行后来才有了富丽堂皇的大楼。

图3-46 祥福洋行出租公寓旧貌(左,1900)及现状南向视图(2016)

是表面对称，通过入口轴线的中央定位，强化了更庄严的对称性。

(4)祥福洋行[①]出租公寓(1900)

位于今湖南路，三座房子保存完好，现用作铁路职工子弟小学。

这三座样式相同、造型对称且并排布置的建筑，中间建筑的山墙上刻有建造日期为1900年。这些建筑也许是祥福洋行(Snetlage und Siemssen)[②]受总督府委托而建出租给其他公司和私人的[③](图3-46)。

这些屋顶平缓，立面抹灰的双层砖构建筑，可经居中凸出部分的教堂式大门进入，山墙被冠在大门檐口上方。

从这些入口轴线开始，之前的外廊贯通这三座建筑的整个南立面。与简单的建筑结构相反，入口造型更受重视，原有半圆拱大门各加装一门套，每个大门两侧共有四根柱子，柱子上有爱奥尼亚旋涡柱头。相反，檐口以上山墙则十分简洁，外侧两座建筑的三角山墙面，各由两条水平线脚划分。中间建筑山墙入口上方弧形轮廓，两条弧形线脚托起一小三角山墙。

也许因资金不足，且规定要尽快完成建设，兼之对建筑场地利用不善，导致建筑被简化处理，使该建筑群呈现一种临时性特点。不过，这种临时性却被大门的精致设计抵消了。

(5)瑞记洋行商业楼(1900)

这座建筑已不存在(图3-47)。

这座建筑位于汇入今中山路南段的湖北路入口处，1900年建成[④]，用作瑞记洋行(Arnhold，Karberg & Co)贸易公司和航运公司商住楼，其总部设于伦敦，分公司设于柏林和纽约，自1870年代起在中国从事商业活动[⑤]。由香港总部在上海、天津、汉口和青岛设立了分公司[⑥]。1899年3月这家公司就已在青岛注册[⑦]。

图3-47 瑞记洋行营业楼西南向视图(1905)

①根据1901~1914年出版的行名录，德国商人阿尔弗雷德•西姆森在青岛设有两家公司，一家名为祥福(Alfred Siemssen)，主营进出口贸易和保险代理；另一家为祥福洋行(Snetlage und Siemssen)，主营房地产设计开发和租赁。本建筑为祥福(地产公司)(Snetlage und Siemssen)。

②禅臣洋行(Siemssen & Co.)1858年起便在香港设立总部。参见《远东各海港画刊，历史和描述，工商业，事实、数字和资源》，伦敦1907年出版，第66页。它与上海的斯奈特拉格公司一道(见同一文第140页)于1899年成立了青岛子公司。参见Eberstein文第39页。该公司受总督府委托快建简单住房出租以解决租借地的住房问题。

③参见1899年度《胶澳发展备忘录》第27页。

④这座楼连同辅助建筑已标在简明地图BAMA RM3 6798-56上(截至1900年10月1日的房建情况)。

⑤、⑥参见《远东各海港画刊，历史和描述，工商业，事实、数字和资源》，伦敦1907年出版，第62页。

⑦参见《德华汇报》17(1899.3.22)第4页。

在这座底面方形的双层建筑前方，向西朝向今中山路南段增建了一座带高大护墙的单层建筑，其屋顶或可作为阳台使用。与中山路南段北段其他建筑不同，这座建筑有一个前花园。原有建筑四坡屋顶非常低缓。建筑东北部与相邻辅助建筑直接连接。这些辅助建筑也许是服务用房和买办的办公室[①]。

大门位于建筑南面，南立面中部檐口和腰线稍凸出墙面。腰线下抹灰。

南侧和西侧有对称排布细长半圆拱窗，它们或单个、或成对或四个一组。

该建筑移植了有前置单层附属建筑物的一种古典主义别墅形式，外表看不出是商业建筑。大部分地皮实际上并未被利用，很可能预留以建设规划中的大规模辅助建筑。地块利用率不高，很可能是其最初规划为别墅用地的缘故。因此，即使简单、不加装饰的扩建部分直接与今中山路南段相邻，对观察者而言，也像隐藏在房子后面。在这个背景前附加了一座单层凸出建筑，引人注目。作为权宜之计，考虑其使用和位置，该建筑立面没有采用主建筑使用的水平划分。

(6)皇家邮局胶澳公司商住楼(1900-1901)

该建筑经多次改建。全部立面抹粗灰泥，或许早在德占时期，各外廊就以窗户封住了。底层空间变化清晰可见，山墙徽章已拆除。今天这座楼中设有青岛市邮电局的几个部门和一家餐馆[②](图3-48)。

1900-1901[③]年由胶澳公司承建的这座三层商住楼，先由皇家邮政管理局租用一部分[④]，1910年帝国邮政管理局买下整座大楼的地皮和物业[⑤]。

这座建筑分为三翼，分别沿今安徽路、广西路和莒县路伸展。底层为商店，莒县路入口通欧人邮政大厅，其左右分隔开来，为中国人用窗口。通往邮局局长办公室的入口在广西路，在安徽路的商店内有一间临时药房[⑥]。上面两层是办公室和住宅[⑦]，可从后院走廊进入，这些走廊通过中翼北部一间中央楼梯间相连。

这座建筑在各街道入口由专门的角塔楼划分，广西路上的立面分为四开间。主立面因弧形轮廓山花而特别突出，原在山花中间轴线上方有一块帝国鹰徽。西立面同样分四开间，沿安徽路展开，莒县路立面分为三开间。由于场地稍有坡度，该处墙裙高

图3-48 皇家邮局胶澳公司商住楼西南向视图(2016)

度亦随之变化 (图3-49)。

所有立面从前均为砖砌。建筑底层造型较朴实，上边两层各开间跨接有拱形外廊，主导了建筑的整体外观。二层立面上壁柱延伸到屋檐。拱上方墙面都抹有灰浆。

---

①参见简明地图BAMA RM3 6798-56(截至1900年10月4日的房建情况)。
②该建筑现为青岛邮电博物馆和良友书坊。——编者注
③这座楼在“广包公司照片集”上标有图片日期。很可能公司某一成员担任了建筑师。参见“纽康甫遗赠”BSB ANA517“广包公司照片集”。
④第一个邮局自1897年起设在老衙门。参见1898年度《胶澳发展备忘录》第8页。其他信息请见R.B.(作者姓名不详)“德国在中国和胶澳保护区的邮政事业”，载于《营火》，松山战俘营周刊。重印，由日本板多战俘营出版，1919年1月，第70～74页，这里为71页。青岛邮局隶属上海邮局，因此是唯一独立于总督府的帝国在青岛机构。中国邮局隶属中国海关，只用于旧中国内地进行邮政联系。同上。
⑤参见R.B.1919，第71页。
⑥这里直到约1905年是赉寿药房(Larz)所在。参见《德华汇报》7(1901.1.6)第2页。
⑦在一层也有电话总机和电报接收的服务间。所有情况均按：《德华汇报》27(1901.5.22)第1页。

图3-49 皇家邮局胶澳公司商住楼东南向视图(1903)

为了增加正立面的庄严效果并更好利用楼层房间，各立面上屋面都设计得非常陡峭，并以此强调正面的高耸效果。到了后院，这些屋面相对低矮很多。每个角塔楼都呈陡峭的尖锥形顶。

从各方向都很容易看到这座建筑的代表性立面[①]，说明设计时特别考虑了远观效果，因此底层设计宁肯朴实而不张扬。在立面构图中，上两层阳台作为一个决定性设计元素出现。角楼、壁柱和陡峭的屋顶限制了其宽度。因此，无论考虑气候条件还是气派程度，邮局大楼很可能是历史上建筑与门廊立面之间最成功的组合，看不出对任何英国殖民建筑的参考。

(7)顺和洋行大楼(1900-1901)

19世纪中叶，在香港曾冠以黑头公司(Blackhead & Co.)名称，代理德国公司从事贸

图3-50 顺和洋行大楼(1902)

易、航运、碱和肥皂生产[②]的顺和洋行(Schwarzkopf & Co.)，其商业大楼由广包公司在1900-1901年之间建造[③]，今已不存 (图3-50)。这座双层砖瓦结构建筑，位于当时青岛湾临时港口附近的商业区，今河南路汇入兰山路入口处。在顺和洋行的办公室旁曾设有广包公司的临时业务用房[④] (图3-51)。

与滨海更近的各家商号不同，顺和洋行办公楼在这里是一座很有代表性的建筑，在兰山路屋面上有3个三角形楣饰。在河南路向东处，在有一排柱子的半圆拱连拱廊内有一家商店。商店入口位于拐角处，由两排彼此十字相交的拱构成。连拱廊上方有

① "这座18米高三层(中国四层)建筑，其东翼未来是我们的邮政管理部门，以其66米宽的正面、结实实用的建筑结构、美丽外廊和两个高耸楼塔，构成青岛最雄伟和最美的建筑之一。"《德华汇报》27(1901.5.22)第1页。

②参见《远东各海港画刊，历史和描述，工商业，事实、数字和资源》，伦敦1907年出版，第46页和下页。

③参见纽康甫遗赠BSB ANA517，广包公司照片集，这座楼房也可能由该公司一职员设计。

④自1900年9月15日始。参见《德华汇报》43(1900.9.3)第3页。

图3-51 青岛广包公司的办公楼、职员宿舍车间和主要加工场地(1908)

图3-52 免费寄宿学校东南向视图(1905)

一木外廊，其上方在檐口线以上三角形楣饰范围内建有一小木阳台。如从照片上看到的，这是一个地块封闭围合式的建筑组合(Blockrandbebauung)，中央有共享庭院，建筑西南建有许多库房。

青岛分公司的建筑要比香港总部小得多。香港总部建筑有一个在香港很普遍的外廊立面[①]。相比之下，该公司在建造青岛分公司时似乎考虑了当地的特殊性，在外墙设计中采用了德国新文艺复兴时期的形式，这一点并非当时青岛的所有建筑都具备。当然，这座公司大楼在建筑风格上对租借地的“适应”肯定是公司管理层有意采取的措施，而非全是建筑师或建筑承包商的意图。

(8)免费寄宿学校 (1900年左右)

该建筑现已不存 (图3-52)。

这座供外来学生寄宿的学校建于1900年左右[②]，位于今湖南路入口以北，中山路南段以西。这座由教师为外国学生开办的私人寄宿机构在德国并不多见[③]，参照了香港、上海和新加坡模式，让居住在青岛以外的儿童能进入德国学校学习。

这座双层建筑，稍退后红线，平面布置近方形；在南立面和面对今中山路南段的东立面上，两层连拱廊，在楼的东北角和西南角，有稍凸出的临街塔楼，在这两个可清楚看到的立面上外廊分为5个开间；底层拱廊封闭，楼上有半圆拱连廊。尖棱锥塔楼屋顶带老虎窗，超出了建筑檐口线。这里的连拱廊肯定是为满足卫生要求而建设，而不是为了模仿外廊风格。

(9)馥香洋行商住楼(1900年左右)

该建筑外表仍保存很好，连拱廊部分被封。西北方加建有小型辅助建筑，现作居住用。

这座屋顶高耸的馥香洋行(Gebrüder Laengner)四层商住楼，位于莒县路，是当时欧人区里最高的私人建筑 (图3-53)。

---

①参见印刷质量很差的图片，载于《远东各海港画刊，历史和描述，工商业，数字和资源》，伦敦1907年出版，第46页。

②这座建筑的平面图已载于BAMA RM3 6798-56的地图上(截至1900年10月4日的建房情况)。

③“免费寄宿学校暂由教师伯尔格先生(Herr Berger)开设的私人公寓接纳外来学生。”贝麦、克里格，1909，第74页。因此，伯尔格很可能是业主。这所免费寄宿学校后来大概由总督府接收。参见谋乐编手册，第447页。

图3-53 馥香洋行商住楼北向视图(1905)

有一个两层建筑面向莒县路，凸出于相对高大的楼体前，两层中都有连拱廊并用阳台封住。大楼双坡屋顶，沿莒县路一侧是阶梯状弧形轮廓山墙。立面底层天然石镶面，有一独特水平线脚隔开，线脚以上整体涂抹灰浆。

(10)水师饭店(1900~1902.5)

该建筑保存完好，现部分用作办公，部分闲置（现为1907青岛光影俱乐部）。建筑西侧加建了各种辅助建筑。塔尖顶冠高度大大降低，重新加盖了屋顶，除上层东部，连拱廊都已用围墙围住(图3-54)。

水师饭店位于湖北路汇入中山路南段入口处，供水兵和士官业余消遣，也用作驻扎亚洲其他地区德国军队的临时住所[①]。饭店大厅是举办城市社交活动的公共空间。

这座饭店由“皇家海军士官和士兵水师饭店”协会根据普鲁士亨利亲王的倡议并通过捐款修建[②]。根据1900年3月协会全体大会决议，“……将此建设工作交给协会的青岛机构，准备工作在威廉港进行[③]。”这座建筑在德国设计，在青岛建造时加以修改[④]。此前，德国人曾在青岛为水师饭店做过一轮方案设计，不过该方案并未保存下来。1899年10月，还曾为该方案举行了奠基仪式[⑤]。1900年冬，威廉港的设计方案在同一地块上开始施工[⑥]，1902年5月饭店正式落成启用[⑦]。据说，有多位建筑师参与建设这座建筑：总负责人为海军土木技监格罗姆施；工程负责人建筑师J.莱因哈特(Reinhard)，施工公司赛尔伯格(Selberg)和施吕特尔(Schlüter)，政府建筑工程师拉裴特，建筑工程师肯特(Kind)，施工负责人建筑师乌茨勒(Wutzler)[⑧]。如果单纯按照德国

图3-54 水师饭店西南向视图(1903)

图纸建设，无论如何不需要这么多建筑师参与。所以很难猜想最终建成的建筑与原方案相比究竟改动了多少。不过，即使是全面改动，参与建筑师的人数也有些过多，所以该说法并不可信。

①参见1903年度《胶澳发展备忘录》第25页。
②这说明从皇室得到了相当多捐款。参见贝麦、克里格1910年版著作第44页。皇帝捐了1万马克。参见《德华汇报》3(1899.12.9)第1页。协会名誉主席亨利亲王王妃(依雷妮)再次捐了5000马克。参见《德华汇报》20(1900.4.15)第1页。其余资金有部分来自青岛，也主要来自德国：亨宝洋行向基金会捐了1万马克。参见《德华汇报》21(1900.4.20)第2页。
③《德华汇报》20(1900.4.15)第1页。
④仅家具就从德国为之做了保险。参见《德华汇报》20(1900.4.15)第2页。
⑤参见《德华汇报》44(1899.9.30)第2页。
⑥～⑧参见《德华汇报》20(1902.5.14)第2页。

图3-55 水师饭店东南向视图(2016)

退后的两层建筑有一个高坡屋顶，从地面看，整体性更强，主要是在北部和东北部，西面的大集会厅稍凸出建筑线 (图3-55)。

西南角高大角楼是建筑外观的显著特征。毛石墙裙上方墙面抹灰。南立面入口以上山墙和西北角山墙，采用平行桁架结构。屋顶高高隆起作为附加层使用，也有助于确定建筑的外部形象。根据建筑平面，形成多体块的屋顶。南立面入口轴线两边都设有木制连拱廊，使方形体块的建筑外观略显活泼，让人联想到亨利王子饭店的外廊。

中央楼梯位于南侧入口大厅里。下层有士兵娱乐室、阅览室、冷饮室和台球室，以及经理住宅①。北部是集会和宴会厅，面积316平方米，平均高度9.59米，该大厅两层挑空。其中，除了有带更衣间的舞台外，还有三面围合带座位和站位的楼厢②。楼厢支柱和上面的檐口都有雕刻图案，与其他简单家具对比鲜明。与建筑其他部分不同，大厅为纯木结构。下层房间层高极高，屋内镶木墙板，石膏花饰吊顶。楼上是办公室、士官用写字间、阅览室、图书馆、冷饮室和台球室。该建筑内还有供餐的升降机[③]。南向房间可通达木连拱廊或阳台，连拱廊和阳台位于入口区两侧。屋顶层有杂物间、40个卧铺、盥洗间，可供洗澡[④]。

总体来说，相比建筑造型的整体效果，水师饭店的建筑装饰相对克制，而作为公用建筑，这显然使之具有体势和造型比较气派的特质。

(11)火车站大楼(1901)

1991年老火车站在车站扩建过程中拆除，随后新建车站模仿了老站建筑的东立面和塔楼(图3-56)。

老火车站建于1900年1月至1901年4月间[⑤]。二层东南角有巨型钟楼，北边是一层辅助建筑。整座建筑为砖石结构，花岗石镶面，只有东侧窗台区域施以简单的粗灰

图3-56 火车站大楼南向视图(左，1915)、东向视图(右，2015)

①～④有关空间布置情况请参见《德华汇报》20(1902.5.14)第2页。

⑤参见Paul Dost著《德中关系与山东铁路》第77页，1981年克勒费尔德出版。青岛火车总站起初计划选址港口附近，建设一市区车站。参见1899年度《胶澳发展备忘录》第14页。市区车站作为气派的终点站可以是一个三面包围轨道建筑形式的尽端站。参见1899年度《胶澳发展备忘录》附录6。可能因成本原因，该计划最终放弃，后来修建的车站建筑规模则比原计划小得多。

泥。东面朝向市区，是车站主立面，被特别装饰。售票厅和候客厅入口处阶梯宽大，阶梯上有三扇圆形大门，门两侧各有两扇平拱窗。二楼由于窗台线脚和悬空屋面显得比一层低矮，用于站长办公和生活。入口上方是一面大型装饰山墙，边缘呈阶梯状，两壁柱间有对窗。其上为半边四坡屋顶，两侧开天窗。南侧在钟楼旁有另一处山墙；檐口处开一圆窗。西边朝向站台，除二层窗台板水平线脚外无其他装饰。钟楼站房一层外墙花岗石外挂面板，楼角呈锥形角加固。钟楼入口在南侧，通过两侧狭窗和上方天窗凸显出来。

青岛火车站最初是一个普通城市的车站规模，造型朴实，唯一彰显其功能的设计就是建筑造型和钟楼。出于成本考虑，它没有被建成一座更具表现力、气派的终点站[①]。这是1870年前后德国火车站的基本建筑模式：其组团和钟楼安排，都与建于1874年、1928年拆除的柏林万湖车站类似[②]。相比之下，青岛车站的装饰，特别是塔楼和售票大厅入口处上方山墙设计，更符合世纪之交的“现代”风格。通过塔楼、主楼立方体和单层扩建部分并列，以及并列的角楼，形成一种如画效果；在同一时期的德国，类似车站建筑也见于小型火车站[③]。这座车站与后来位于市区的港口车站大港站一起，区别于内陆其他火车站。内陆车站按西方模式建造，但融入中国建筑元素，例如屋顶和门的造型。青岛火车站除塔楼外，很大程度上以功能为导向，造型并不繁复，空间布局也以满足使用为主。

(12)中和饭店(1901)

这座建筑已大幅改建，内部也改为商住楼 (该建筑现已拆除另建)。1914年前，外廊就被拆除，南立面加建了一凸出墙面，上冠砖砌山墙。南面开窗也完全改变 (图3-57)。

1899年10月，亨利(Heinrich)和克里本多夫(Hugo Krippendorff)兄弟为他们在今安徽路和太平路交界处购置的地块申请了建设宾馆特许权[④]。其后便立即着手建设。以其姓氏克里本多夫[⑤]命名，宾馆大概于1901年开业。在德国租借时期该宾馆就曾易主和更名[⑥]，到1920年代一直被称为中和饭店(Central Hotel)。

这座三层建筑，以地块封闭围合式建筑方式建成，无特别凸出的基座，有客房30

图3-57 中和饭店南向(左)、西南向视图(1910)

间[⑦]，南北向布置，由中央走廊连接。南边和西边平屋顶有女儿墙[⑧]。

建筑北边有一处后退侧翼，设有六开间木制外廊。单层小杂务房位于今安徽路。

这座宾馆建筑无任何装饰，从前简单抹灰。南立面的阳台是其主要特点，使其具有海滨度假酒店特点。尽管在西南侧开有拱形窗，但整个建筑并不具有代表性，因此不如说是一座普通标准的旅馆建筑[⑨]。

(13)礼和洋行商务楼(1901)

该建筑现用作学校，其全部连拱廊都用墙封砌到护栏高度，并在其上安装了窗

①为建整个车站设施、车站建筑、货栈、厕所和护路工房，规定了最简单的建筑形式，然而这些建筑物通过其干净利落的修建和朴实无华但结实耐用的材料给人留下一个舒适印象。稍富表现力但始终很节制的建筑艺术，预计只用于始发站和终点站，即青岛市和济南府车站，并且在头一个地方已实施了。1902年度《胶澳发展备忘录》第49页。

②当时还有万湖，参见Marita Radeisen《铁路和施工公司对Zehlendorf的建筑艺术和地区形象的影响》，柏林理工大学博士论文，1992年第122～125页。

③因此，该钟塔很少被看作充满权力的统治标志，更确切说是赋予该建筑一个油画般效果的“受人喜爱的主题”。参见Hammerschmidt著作第540页。另也见525～535页，608～611页。

④参见《德华汇报》47(1899.10.21)。

⑤参见贝麦、克里格著《青岛及周边导游手册》1906年版第41页。该宾馆在省城济南府有一家分店。

⑥1906年8月1日中和饭店整体出租。参见《德文新报》30(1906)第163页。

⑦参见贝麦、克里格的书第41页。

⑧不确定是否指贝麦、克里格所说的原屋顶。1900年10月13日，当时尚未完工的屋顶被龙卷风完全掀去。参见《德华汇报》47(1899.10.21)第2页。遭破坏的屋顶可能更陡。因报道说，从那时起建设的这些屋顶在青岛很不寻常，结构类似中国样板，更重，更抗风暴，可以说是对这些建议的首次回应。

⑨当时的许多描述常涉及亨利亲王饭店而非该地首座宾馆，或后来在今汇泉湾畔建设的沙滩饭店。而克里本多夫宾馆，即后来的中和饭店则鲜有提及。公寓价格(1906年每天为3~5块大洋)很明显低于亨利亲王饭店。参见贝麦、克里格书1906年版第40及以后各页。

户。东、西面窗户是另外加装的，屋顶也翻新了(图3-58)。

礼和洋行(Geschäftshaus Carlowitz & Co.)商住楼高两层(中国三层)[1]，位于今太平路青岛栈桥以西的原临时洋行区，建于1901年[2]。

建筑核心部分平行海岸林荫道，高两层，对称布局并装饰凸出凉亭，两侧与核心建筑垂直的翼楼山墙，彰显南立面的气派。两侧有一层的入口大门，大门上方曾是阳台，从核心建筑的后面出发，另有两个两层高敞廊分别向东西两边延伸，敞廊两边各向南侧开有一带阳台入口。连拱廊经核心建筑向外伸出，是核心建筑外的独立部分，对称配置，在楼层楼板处和线脚与核心建筑相连。

一张老照片显示建筑尚未抹浆的状态[3]。中央入口稍凸出，上方有牛腿支撑屋面，

图3-58 礼和洋行南向视图(1994)

各楼层向上通过远远伸出的双檐口封住。不同颜色的砖在立面上展现出一个宽度不同的凸出竖线条和檐饰的网格。

几乎完全作为连拱廊的各凸出部分，对称建筑在长方形平面的整座房体上，并通过立面划分与主体建筑融为一体。具有代表性的南立面，因其高大的装饰性山墙而与上海或香港常见的纯粹宽廊式立面明显区别开来。与该公司在上海的办公大楼相比，青岛分公司建筑规模非常小，上海的办公大楼只比青岛建得稍早一点④。

(14)中国皇家海关(后简称“胶海关”，1901年前后)

这座建筑1991年拆除 (图3-59)。

胶海关办公和管理用房是由三座相同建筑组成的建筑群⑤，包括三座小型辅助建筑，位于商贸区今兰山路以北中山路南段与河南路之间的地块上⑥。1899年7月1日胶海关正式在青岛成立⑦，负责检查输入中国的商品并征收关税。从青岛转口出口的中国产品也在此征收关税，一部分税款须交给总督府。胶海关税务司阿里文是德国人，自1868年起就生活在中国并任职北京的海关署。1897年阿里文被任命为胶海关税务司，1898年9月他来到青岛。这些1901年前后建成的建筑群，也许如其在今汇泉湾畔的官邸一样由他自己设计⑧。海关署于1911年迁往大港；1914年基地内又增建了一座新的大楼。

---

①1846年这家洋行便已在广州建立，1880年前后总行迁上海；其间也在香港、天津和汉堡建立了分号；此后还设立了汉口和济南府分号，青岛分号则建于1898年。这家洋行作为克虏伯公司代理商参与修建山东铁路。详见Eberstein文第53～59页，尤其是第55页，并见《远东的海港》第71以下各页。

②该建筑已标注在1902年度《胶澳发展备忘录》附录4的地图上。该地图反映了截至1901年10月1日前的建房情况。

③参见Arnold Wright和H.A.Cartwright所编《二十世纪中国香港、上海和其他通商口岸之印象》第812页，伦敦1908年出版。在1908年前的照片上，也许是在该建筑刚完工后不久，底层尚看不到胸墙栅栏，只显示出单块砖的不规则蚀孔，这是因质量不好所致。北楼是否是在后来抹了灰浆，是否现存灰浆的结构与1914年前的灰浆可能一致，尚未验证。

④也请参见Fritz Woas文章《近代的东亚建筑艺术》，载《德国建筑报》72(1904.9.7)第450～452页，此处为第451页。

⑤1991年尚留存有两个同样形式的建筑，东边那座已拆除。贝麦、克里格1906年出版《青岛及周边导游手册》中附录的市区图，为东边的这座建筑提供了一个近似平面图，因此可认为造型相同。

⑥有关“中国皇家海关”机构的详细情况，请见单维廉1914年的文章第314以下各页。

⑦参见《德华汇报》30(1899.6.23)第1页。

⑧这两座建筑1991年尚存，很大程度上类似于1899-1900年间按他的设计在汇泉湾畔所建的那座住所。参见贝麦、克里格《青岛及周边导游手册》1906年版第92页。阿里文在北京期间就曾设计了海关税务司建筑和公使馆楼。北京的德国公使馆楼房按中国风格建设，现已不存。参见马维立1986年文章第33～66页，这里为第35页。

图3-59 胶海关南向视图(1903)

所有三座建筑，都各有一类似方形平面布局，高两层，向北各加有两个辅助建筑。屋面为低矮四坡屋顶，向南配有对称结构半圆拱柱廊，由成对壁柱隔开。入口位于底层中轴线上。在地块北部区域内，还另外建有三栋辅助建筑。

南立面外廊是这些简单建筑的主要造型元素，显示其参考了香港和上海的模式。这种“外廊风格”只体现在南立面，其他立面贯通水平线脚，分隔各楼层。设计上主要受英国影响，无中国元素，德国元素也很有限。立面造型主要源于英国港口殖民地建筑艺术的表现需求，这里的“外廊”完全是殖民地建筑风格。

(15)车站饭店(1901年前后)

这座建筑现用作住宅、餐厅兼商店，出于功能需要对建筑空间进行了改造，增建了内院，改变了底层空间。各房间里的墙面，除了新嵌入壁炉，基本保持原状。

该建筑建成于1901年前后①，位于今郯城路入口处兰山路西端，向着车站方向一锐角形地块上。锐角处是一栋八角塔楼，由此向东、南各伸出一两层侧翼，与这座建筑的另两个侧翼外接一个内院。这座建筑最初用作车站宾馆，后改作商住楼使用②。

外立面设计重点是带钟形屋顶的三层角楼，以及两侧直接相邻开间。从这里开始，外墙又被进一步划分为不同开间，每个开间由方壁柱限定，壁柱中间设烟囱用于明确开间轴线(原文如此，虽然照片上看是老虎窗——编者注)，沿今郯城路最南端的开间则以一面山墙收尾。

建筑坐落于低矮的毛石墙裙上；各底层立面由平行水平线脚划分。主入口位于塔楼；其他入口都采用同样的设计样式，两侧圆拱窗带有螺旋状石灰窗中柱。

塔楼二层立面上有一圈环形阳台，下设宽大的凸出牛腿撑，其护栏饰以鱼鳔状花纹。其他楼层则贯通宽大的水平装饰线脚。塔楼两侧山墙区域各有四扇平拱窗，坡屋顶区域的山墙上各有三扇平拱窗，全都设毛面方石挡板。

塔楼三层每侧都有一对圆拱窗，上方为巴洛克风格三角山墙，塔楼两侧部分檐口以上冠以小三角老虎窗，用于阁楼间采光 (图3-60)。

这座建筑装饰奢华，与拥有大量外廊的沙滩饭店相比，更符合其作为城市酒店的身份。建筑物面向火车站一角是设计焦点，以吸引旅客的眼球。

图3-60 车站饭店西向视图(左,1911)(右,2012)

①很显然，根据贝麦、克里格1906年版书中第56以下各页描述，是指这个建筑。该建筑1902年后便载入城市地图。而从结构形式和造型看它很可能建于1902年前后。把建成日期(无建成日期说明)定在1913年前后(见华纳书第264页)是不可想象的。其他说明见贝麦、克里格1910年版第39页。该地块属于胶州柴桂州先生(音)。也可能他只是房主。考虑到其位置和结构型式不大可能用作中国人的宾馆。

②早在1898年11月就已报道了建设车站饭店的消息。参见《德华汇报》22(1898.4.27)。1906年前后才提到它作为车站餐厅一事。参见贝麦、克里格书1906年版第41页。

可以推测，为每个开间留置的入口，表明饭店房间从一开始就打算分租给各商号使用。

(16)山东矿务公司管理大楼(1901或1902)

这座建筑保存完好，后期在其西侧增建了一辅助建筑(侧房)。

山东矿务公司位于江苏路至太平路入口处，靠近海岸林荫道，是城市内最有名的广场之一。山东矿务公司与山东铁路公司一样，是一家以中国腹地经济发展为目的的公司，总部设在青岛[①] (图3-61)。

该建筑两层，包括办公室(也许多数在一层，部分在二层)以及大概在二层与阁楼间——职员住宅。南立面拱廊与建筑体块融为一体，为一层的办公室提供通道。

图3-61 山东矿务公司管理大楼东南向视图(2012)

山东矿务公司大楼各立面呈不对称设计；南立面为主立面。该处除了有东面加固的拐角区外，下层还有设有胸墙的石圆拱廊和成对木支架的一外廊结构，拐角区与山墙相接。墙上从前刻有一行会标志，其下还有一三联窗。东面山墙下有一精心制作半圆拱窗，通过大量花岗岩毛石与楼底层一对弯拱窗拱形连接。花岗石面以变化的层高普通铺设到约为楼底层的窗顶高。拱柱和大门上有拱墩高度拱檐线脚。非毛面抹灰。1910年后在南面的二层加建一木质阳台。

东立面二层墙面凸出一凸肚窗，比南立面朴素的加框窗户不均匀分布。毛石从这里直铺到底层窗户中心；花岗石线脚在楼底层顶高上下。在围绕二层的线脚与檐口间加有一井格框架带，这里檐口比南立面的高。两个三角山墙和两扇老虎窗处理很简单，凸肚窗上方山墙加花岗石饰面，建筑东北角的山墙则镶木框架。屋顶也盖住了二层外廊并与建筑融为一体。与青岛早先几座建筑不同，这些外廊不似前置附加体块，而是建筑整体的组成部分。建筑西南角是从前的入口区，相对较小，并不具有代表性。据推测，这只是一临时入口，后来被一花费更多的结构取代，1914年后因建筑扩建而发生②。

该建筑的设计以别墅类型为基础，装饰上明显参考了德国世纪初的代表性别墅，不规则的正面结构和大量毛石镶面，未采用折中主义建筑装饰。它与德国大约同一时期建造的③“乡村别墅风格”房屋有相似之处。南面的阳台当然是为了适应青岛的气候，不过在德国，类似设计也可以想象。

---

①从这里规划和管理煤井设施，根据1898年的条约中国政府被迫给予(德国)采矿权。这家公司总资本1200万马克。煤井位于山东铁路两侧各15公里区域内。参见贝麦、克里格《青岛及周边导游手册》1900年版本第24以下各页。也见1901年度《胶澳发展备忘录》第22页；Schmidt文第102页。

②目前在该处加建了一间侧房，其山墙面向南方呈展开形式，在楼东南角取了一个角山墙的轮廓。同样，该处楼上层有简化的半圆拱窗和楼底层的成对窗子。从前的入口纳入这个新的扩大的南面并继续使用。这种形式重复和简化而不寻常的造型，除因支柱和半圆拱窗头间的不相配使比例有点不协调外，一个标志是，这里加了一个侧房，它参照现有形式，后来则新建了。因此，它很可能不是早先设计、却未付诸实施的扩建。这一点在新建的西侧同样明显，它在造型方面以旧的东立面为准。该处在檐口下呈大扇形，半木雕饰花纹；而东面的半木山墙也在西侧展示了大的扇面。对山东铁路公司预定的建筑扩建，事实是，只在角上一小部分地皮进行了建设，1914年前大部分地皮尚未利用。

③参见Posener著作第160～162页。

图 3-62 嘉卑世洋行百货公司西北向视图

(17)嘉卑世洋行(1901—1902)

这座三层商业建筑今已不存，原位于今安徽路进入广西路入口处，正对广西路的邮局(图3-62)。嘉卑世(Kabisch & Co.)公司办公楼建成于1901年，设有公司的百货商店、里伯•沃尔夫(Liebe,Wulff & Co.)建筑公司的办公室和青岛俱乐部临时办公室，顶层或许还设有公寓。

北立面为主立面，沿广西路展开，建筑三层，立面线条笔直。今安徽路西侧同样笔直的立面向南过渡到二层，这座建筑南侧没有统一的建筑红线①。通过在南面檐口以上添加眺望山墙和一个多角形塔楼和东南侧的建筑布置，形成丰富的屋顶景观。

①参见1912年地籍图的平面图, BAMA RM3-7002(附录)。这时这块地皮已为Konstantin和Heinrich Bodewing博士所有,没有南立面外观。

图3-63 广西路东望，左前为皇家胶澳邮局，左后为祥福商住楼，右为嘉卑世洋行(1902)

主立面向北指向今广西路，整个立面水平分为四段。主入口为圆拱门，在拱墩高度，水锤式檐口贯通整个建筑。一层楼板与二层窗台间有装饰线脚，其间有尖拱形装饰，风格与阳台护栏相似。北立面窗户的形状、大小和排列方式都不相同，变化各异。在屋檐上方，除塔楼外，还有两面三角山墙，由腰线连接。塔楼位于建筑北立面近转角处，与建筑体块融为一体。在建筑西北角，二楼和三楼转角有大窗户采光房间，通过建筑拐角处的柱子造成封闭连廊的印象。今安徽路上的西立面同样采用北立面的垂直划分；该处看到的窗形和建筑装饰的多样性。在建筑拐角的过渡当然不是直接的，而是在立面的进一步走向中。通过隔断大门的墙隅，依稀看到今安徽路南边还有一栋两层辅助建筑与主楼相连。辅助建筑面向大街，比主楼低得多，有一弧形装饰山墙，顶端为半圆拱，使人联想到总督府临时小教堂的山墙。这处辅助建筑或许用于中国佣人的宿舍、仓库和买办办公室(图3-63)。

该建筑设计比较考究，是为了适应建筑法规规定的今广西路的现代欧式风格，所以，在选择折中形式的过程中，晚期哥特、文艺复兴、巴洛克和19世纪中的混合形式要素都出现了。然而，与当时青岛其他私人建筑相反，建筑师显然有意采用了一种保守形式。它催生了不同的建筑阶段。建筑造型重点在北立面，其他立面的处理则居于次要地位。从外面几乎难以看清的南侧拟采用的布置，不同于在这个地区未加布置的建筑在该处强调的装饰。

(18)祥福(Alfred Siemssen)商住楼[①](1901—1902？)

这座建筑位于广西路，曾作为祥福洋行的商住楼，1901年开始建设[②]，1902年完工(图3-64)。现用作住宅，底层商铺，空间布局因使用情况而改变。立面重新粉刷，整个外廊都被窗户封住。抹了灰浆的里院立面亟待修缮 。

该建筑最初设计为一座三层对称三翼式建筑群：从广西路临街建筑开始，两个侧翼向北延伸，围成一长方形内院。不过在建设过程中或在建成后不久，建筑就向西扩建，延续了临街房屋走向，并在西端与平行莒县路的另一侧翼相接。建筑物北边部分可能是仓库、采购员办公室或中国工作人员房间，目前已变化很大。整个建筑包括西面的扩建部分，上覆平缓的四坡屋顶。核心建筑砖立面粉刷成红色，对称结构，左右分为五个开间，各楼层彼此由水平脚线分隔。今天建筑的封闭状态很难让人了解外廊立面的原始效果。冠有一无装饰三角山墙，二层和三层各有一对圆拱窗；一层有两个开口到前厅，原入口就在前厅。该立面中心两侧各与另两个开间相接，两个开间在两层楼上都有连续圆拱廊。一层立于毛石墙裙上，外开间各有两个大的扇形拱窗 (图3-65)。

入口处有两根石柱置于墙前，柱头上方石过梁穿过。前厅两个柱头呈花萼状，边缘装饰有螺旋式植物造型，向上延伸，框住一幅太极图。这两根柱子旁，有两扇窗户；也被顶部石过梁封闭。门上方是一内接窗的山墙，两侧有山墙。精细加工陶瓦托架装饰了从入口圆角到上面棱角的过渡区域。由于小前厅空间狭窄，从街道上很难看到这个设计相对精致的入口(图3-66)。

建筑西南角从街道退后的单独入口通过一个建筑西面进行了扩建。屋檐线和各自的层高与原建筑物一致。在广西路上，立面分为三段不同宽度开间。东边与核心建筑相邻开间，上面两层有三个较小圆拱，中部开间仍精准与核心建筑的立面造型相接。从前有连拱廊一直延伸到该处。而较窄的西开间则是封闭的；其后的房间由窗户采光，石窗框上方覆盖了一个刻有花卉图案的圆形分段屋顶。继续向西穿过转角，立面部分没有任何垂直划分，只有分隔楼层的水平线脚贯通。入口处前厅由三根柱子支撑，上端二楼阳台，强调前厅地位。建筑物西南角以前有一带尖顶楼，现已不存。

在对称结构的核心建筑上增加一座附属建筑，主要是为了追求其他中国港口租

①禅臣洋行(Siemssen & Co.)1846年成立于广州，是一家进出口香料、糖、竹竿和茶的贸易洋行。早在1848年它作为首家德国洋行便在香港设了分号，香港1858年成为其东亚总部所在地。汉堡母公司开设了诸多子公司，例如设于纽约的。随后在中国设立了其他分号，诸如在福州、汉口、天津、厦门等地，1898年在青岛设店。公司总部一战后迁至上海。参见Eberstein文章第39-40页；《远东海港》第66以下各页，157以下各页。

②在反映截至1900年10月4日建房情况的“青岛及郊区的简明地图”(BAMA RM3-6798-56)上，这块地皮上登记有一座建筑，从平面图上看与后来的祥福商住楼不符。标注所有人为祥福洋行。由于不大可能在这个地方有此类临时大型建筑，所以很可能这祥福商住楼最初由祥福洋行设想作为出租房子，类似公司在湖南路上的房子一样，并在随后的建设过程中扩建了南面的侧房。因此很可能是1900年开工的。

图3-64 祥福商住楼西南向视图及南向视图(右,2016)

界的外廊建筑效果。它虽承担了部分结构功能，但造型上却凸显了其不对称性。扩建部分未采用中国建筑元素。相比之下，核心建筑大门处的中国元素是一种西方建筑背景下的有趣嵌入。不仅在柱头采用阴阳符号作为重要的意义载体，而且还试图将中国风水与欧洲的结构和形式结合起来，创造出(设置)一个入口，以满足中国建筑和风水学的基本要求，尽管并不完全成功。实际入口不能直达，只能通过一个角落，被一个低矮的、类似护栏的影壁从正面保护(遮挡)起来。在入口中间，一根柱子耸立在护栏上，证明对风水规则的根本误解，因为它可能对力量流动产生不利影响。此外，从力学上看这根柱子也是多余的。另外，建筑里的风水楼梯也表明德国建筑师将中国形式按照其意义融入西方建筑中

图3-65 祥福商住楼南向视图(1903)

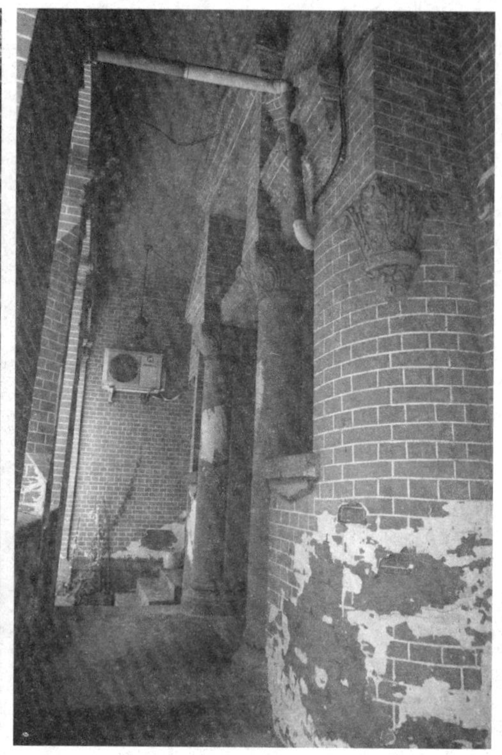

图3-66 祥福商住楼西入口(左)及南入口(2016)

的努力，与纯粹采用中国建筑装饰的尝试形成鲜明对比，后者在当时被更多使用。这里的解决方案是一个孤例，至少对青岛来说如此。

(19)亨宝洋行大楼[①](1902)

这座三层建筑位于中山路南段与肥城路交叉口，基地轮廓近似菱形，保存完好[②]，位置非常显眼。建于1902年前后[③]，商住两用，自开业起亨宝洋行办公室(Henn′ sches Haus)就入驻该处[④](图3-67)。

①参见贝麦、克里格的书1906年版第66页。这座楼在书中指明其建造者称“亨宝洋行大楼”。
②作者1991年来青时原楼尚存，后拆除，但又原地复建——编者注。
③这座楼绘在补加的、反映截至1902年8月4日建房情况的地籍图上。此图为波恩马维立教授所有。
④参见贝麦、克里格的书1906年版第66页。

图3-67 亨宝洋行大楼西南向视图(1905)

图3-68 亨宝洋行大楼西南向视图(2016)

街角处有一独立入口，底层是大门，顶部是一带弓形边缘的巴洛克三角山墙。两个设计相同的立面分别沿中山路南段和肥城路延伸，横向三段，最远端有山墙冠起。为了稍稍打破这个朴素结构，在入口立面和西立面拐角处附加一两层高弓形窗，成为中山路南段一引人注目的建筑特色。紧连入口两侧的立面封闭设计，不过向外的二层与三层都为敞开式连廊。二层还是极具设计感的半圆拱外廊，半圆拱由花岗石柱支撑。三层连廊是普通的柱廊式木外廊。建筑底层是商业场所或销售机构，立面上有均匀分布的半圆拱窗。在西、南立面尽端二层都特别设计了一个凸窗，其上部用作三层阳台。相比之下，东、北两个立面几乎没有建筑装饰。

建筑转角错位安置角方石，非常明显。三条水平线脚位于每一楼层上端，贯通整个建筑立面(图3-68)。

亨宝洋行大楼属常见的折中主义风格，立面连续性被外廊打破，这些外廊后来被封堵。不过，该建筑保存相当完好。阁楼设有许多大小不一、位置不对称的房间，与广西路上的其他商业建筑相呼应。

(20)凌基洋行(Otto Linke)商业楼和大都会宾馆(Hotel Metropol)(1902)

该建筑现用作商住楼。底层平面和立面都已改变，上层立面保存完好(该建筑现已拆除另建)。

这座两层商业建筑位于中山路南段与肥城路交界处以南，在亨宝洋行大楼对面。这是一座双拼建筑，始建于1902年，建筑的两部分最初可能照同一图纸建造。两栋建筑二层立面设计不同，建筑应逐层分期建造而成。一层首先完工，用于招商。进驻商家有进口商店奥托·凌基(Otto Linke)办公房间，两家旅馆[①]和一家百货商店。上层是后来建造的，可能为了解决住宿问题 (图3-69)。

因为有店铺，一层立面设有较大的平拱陈列橱窗，并配有一条线脚。凌基洋行大楼北部二层立面清水砖墙，由多个开间构成，转角处砌毛面方石。二层窗户上有三角山花或弓形山花。原本可能是平屋顶，有女儿墙，墙面有不同形式简单装饰。建筑西北角有一横向窗台，用支架支撑，上有一精心设计尖锥形顶，更显突出。塔楼屋顶与建筑的装饰山墙只在西立面出现，表明该建筑至少还将加建一层。

房屋南半部设计较简单。二层立面抹灰，两个侧轴间插入一阳台。平缓的双坡屋顶被稍高墙体遮挡，北面屋檐上还保留了一个花卉图案。这些都再次证明该建筑计划再建一层。

这座简单的商业建筑在北半边的设计细节上考虑十分周到，遗憾的是，两层楼的体量和规模没有显示出其原本应有的建筑效果。

(21)德基洋行商住楼(1902)

该建筑立面保存完好，现仍作为商住楼使用。部分改建主要集中在一层。不过，以前角楼的塔尖现已不存(图3-70)。

这座建筑位于安徽路和广西路转角处，前邮局对面，高三层，高坡屋顶，内部可

①房主Arnold Baumann，客栈由Albert Baumann负责。参见《德国殖民地手册》7(1907)第327页。

图3-69 凌基商厦和大都会饭店西南向视图(上,1910)、西北向视图(下,2002)

图3-70 德基洋行商住楼东北向视图(左,1905)、东南向视图(右,2016)

再容纳两层空间。它由古斯塔夫·兰德曼(Gustav Landmann)在1902年建造，集商业、办公和居住于一体。他的眼镜店和珠宝店就在一层，其名字大写的花体缩写字母仍可在角楼入口上方拱门上看到，该拱门镶嵌在建筑角楼里。入口两侧有两面凸出山墙，其二层和三层中间有凸肚窗。与青岛早期山墙相比，这两面山墙异常华丽，呈规则阶梯式弯曲轮廓，每个台阶处都以一个更小的三角山墙收头。广西路上的立面被三层假壁柱水平分为三段，有连续窗台板水平线脚。一层、二层长方形窗户部分被三角山墙覆盖，三层有半圆拱窗或平拱窗。在最西侧，二层和三层增加了托架支撑的阳台。阁楼的三扇老虎窗(Dachhäuschen)弱化了广西路上屋顶的陡峭感。

这座建筑是20世纪初常见的商业建筑，按青岛的标准，其建筑装饰比较华丽，不过个别装饰形式笨拙，做工也不精细，亦未如同时期建成的许多其他建筑一样建造外廊。

(22)毛利公司商住楼(“橡树餐厅”)(1902年左右)

这座建筑保存完好，现作为住宅使用(图3-71)。

毛利公司这座两层商住楼建于1902年前后，最初供公司办公和居住，自1903年起开设“德国橡树”宾馆①。该宾馆位于莒县路进入湖南路入口处。沿街主楼以西有一条通道，经其到达后院，院内有一座独立的背街房屋；主楼建筑立面相应于街道走向稍呈弧形。统一抹灰，两条角轴线稍伸出，其山墙屋顶形式不同；东侧山墙略高，西侧山墙尖部像被修剪过。

在东侧山墙三层，有一对科林斯中柱隔开的平拱窗。每扇窗户窗台下有独立窗栏，装饰编织图案。一层窗户造型相对简单。通往庭院通道的大门位于西边山墙，除了山墙的平拱窗外，西边山墙基本采用东边山墙形式；几处变化主要集中在屋面折角，顶层半圆拱窗，庭院入口和一层窗户。在两山墙间立面上，使用更简单的窗户形状。建筑入口也位于那里。在这座简单、清晰的建筑中，山墙的变化弱化了立面的对称性。简洁的建筑装饰形式，在工艺上并不困难，再加上清晰的建筑构图，给人以坚实、实用、不造作的完美印象。

图3-71 橡树饭店商住楼西北向视图(左,1905)(右,2016)

图3-72 备德洋行商业楼南向视图(左,1903)(右,2016)

(23)备德洋行商业楼(1903)

该建筑现由几个家庭居住。南立面和室内房间布局保存完好；主楼一层外廊和后楼的木外廊被窗户封住，还扩建了侧楼(图3-72)。

1903年，汉堡的备德洋行(Bödiker Carl & Co.Internationale)在广西路的这座建筑中成立了青岛分公司。这里曾是一个商业建筑，也可能是住宅，根据两面山墙上漩涡状花纹边框装饰中的刻字，其建造日期为1903年。其他账房间、库房和买办办公室，被安置在后楼的半地下室。

主楼房间由北侧走廊进入；南立面是连续拱廊，两端冠以山墙，双柱式拱廊，拱顶石精心设计。主楼入口在中央，院落入口在西侧。虽然外廊形式贯穿建筑整个南立面，但东西两侧却并非开敞；各由一扇大窗户封闭，很可能在德占时期就安装了玻璃窗。所有立面抹灰，二层胸墙水平线脚贯通，双坡屋顶。

后楼各房间，经由前置木外廊通达。砌砖且施以抹灰的中央区域，以简化形式采纳了主楼外侧造型。

---

①该宾馆还设有餐厅、台球室、俱乐部和新的客房。参见贝麦、克里格的书1906年版第41页。

图3-73 布洛特商业楼西北向视图(左,1904)(右,2016)

该楼立面造型原则上基于“外廊风格”，另外可在两侧山墙上看到世纪之交的简单历史主义造型元素。这里的外廊被设计为温暖季节的逗留场所，并不像热带地区许多“外廊风格”的房屋那样，用以连接房间。

(24)布洛特(Buroth)商业楼(1903)

这座楼现用作住房。外廊用窗户封住，1991年后在底层开了一家商店，因此对该处立面造成大面积改动，也对原来空间产生影响(图3-73)。

1903年，布洛特(Buroth)商业楼建在今莒县路和安徽路之间的湖南路上，西山墙上刻有1903字样。在沿莒县路同一基地上建有其附属住宅，已大为变动。

这座两层商业建筑坐落于几乎正方形的基地上，向东和向西分别凸出两层体块，各有一处北向入口雨棚。其上部钟形屋顶较显眼。北立面横向四分，两个楼层外廊都有同样形状低栏杆；立面最外侧两间稍凸出，弧形轮廓山墙内设圆窗。外廊由近似同样形状的弓形拱廊隔开，拱门跨度较小。

外廊专门用作阳台，也位于背阴的北侧，造型特别设计，成为立面特色。相比之下，建筑外墙其他部分只是简单抹灰，没有装饰。比起早期的建筑，此处外廊更明显是一种代表性装饰形式，在这期间已十分普遍，而其与气候有关的功能和实用性则在很大程度上被忽视了。这座建筑的外廊采用新艺术运动表现形式，尽管犹豫不决，但仍彰显了其代表性和现代性特点。

(25)沙滩饭店(1903—1904)

这座建筑在大量修缮后发生了很大变化。自1901年起总督府便已打算在今汇泉湾畔建一所一流浴场宾馆，以促进青岛日增的对外交流。为了实施这一深谋远虑，还专门成立了“青岛宾馆股份公司”。总督府出售了用地，用于建一座“一流浴场宾馆”，除了餐厅、社交房间等，它还有很多客房，而且一部分也必须适于冬季居住。这座建筑必须满足各种卫生要求，即考虑到要设有好的地下室、排水等。这些建筑各立面都必须可装饰，因而，后楼不可直接临街，必须掩映在树木中。基地上只允许有限度地建筑厩舍并尽可能远离住房。宾馆至迟必须于1903年6月1日前完工投入运营。1908年前总督府不允许在该处建设其他宾馆①。宾馆于1903到1904年间在汇泉湾的海滨核心地带建成②。

这座宾馆包括一座三层建筑，中间入口，两端为翼楼。各楼层通过北侧走廊进入房间。这座宾馆共包括31间双人房、一个宽敞的大厅、浴室、阅览室、画室、餐厅和一间舞厅③。杂务和厨房均在北侧。

建筑物耸立在天然石基上。东西立面砖砌外墙，与总督府规定相反，除了一个装饰性山墙外，非常简单，无任何其他装饰，水平线脚贯通。北侧由于有个别加建，显得不太有代表性。在南面，中间体块中央山墙半木结构，凸出两层砖砌柱廊(内阳台)，容纳了一层正式入口，二层柱廊由两根柱子支撑，花萼块状柱头。柱廊在三楼变成一阳台。在这个立面两边，所有楼层都有木制外廊，作为后面房间的阳台。翼楼南立面

---

①载：《德华汇报》(1901.12.25)(副刊)。

②“今年壮丽的沙滩饭店开业……泳客可以直接住在海边……，浴场生活有了另一番光景。饭店的舒适环境特别吸引了众多上海泳客。”1904年度《胶澳发展备忘录》第33页。

③数据见贝麦、克里格的书1910年版第60页。

图3-74 沙滩饭店南向视图(2016)

图3-75 沙滩饭店西向视图(2016)

封闭，三层为半木框架饰面，并在二层各加一个阳台 (图3-74)。

这种相对复杂的入口与简单木制走廊为主的立面结合，对比强烈。与亨利亲王饭店相似，在两侧体块二层山墙上有阳台；三层半木框架 (图3-75)。

与亨利亲王饭店相比，这两座建筑的布局和结构都很相似；然而，沙滩饭店在外部造型上没有中国元素。与亨利亲王饭店一样，这座建筑也会使人想到世纪之交德国海滨浴场的建筑艺术。不过，因其简单的结构和不加装饰的木外廊给人一种节俭的感觉。入口区造型华丽的柱廊，说明最初的设计很可能是一个更复杂的方案，或许最初的设计更能满足总督府雄心勃勃的规划。

(26)日耳曼尼亚啤酒厂管理大楼(1903—1904)

该建筑保存完好，现部分作为青岛啤酒企业幼儿园。1914年后，加建了一个楼层并有小规模扩建 (图3-76)。

图3-76 日耳曼尼亚啤酒厂，左侧为当年的行政管理楼，南向视图(1905)

这家啤酒厂成立于1903—1904年间，原名香港英德啤酒股份公司[①]。1904年秋在台东镇和港口之间的登州路投产。原啤酒厂已扩建成一片建筑群，原貌已无法辨认。这座管理大楼和当时的整座厂房，都由广包公司所建[②]，很可能设计方案也出自其手。

该建筑最初两层[③]，底层办公室，上层是啤酒厂管理部门，或许还有一间雇员宿舍。

清水砖墙立面上贯通一条白色抹灰水平线脚；底层都铎式拱(四心拱)窗，上层平拱或半圆拱，窗台斗砖砌法。对一座行政建筑来说，不寻常的是建筑西南角的连拱廊：花岗岩柱子支撑拱廊，基座较高，拱廊延伸到西侧和南侧。底层护栏较简单，转角处紧凑，都铎式拱圈有些不伦不类。不过在上层，拱圈比例匀称。此外，拱圈背面被一线脚包围。连拱廊用途无法确定；也许一开始就被窗户封住了：虽然在老照片中看不到窗户横撑，但由于强烈的阴影关系，无法确定是否开有洞口。不过出于夏季气候的考量，在此安置一处可供室外驻留的空间是合适的 (图3-77)。

图3-77 日耳曼尼亚啤酒厂当年的行政管理楼南向视图(2021)

总之，这座管理大楼是一座以实用为标准的简单建筑，其特点在于建筑西南角有外廊。这些外廊装饰了建筑立面。尽管该建筑建造时仍位于城外，并缺乏公共交通，但依然遵循了对租借地建筑的地域性典型需求。

(27)商住楼(1903/1904)

该建筑已于1993年拆除。

这座商住楼从前位于莒县路进入广西路入口处一锐角地块上。有关其房主、建筑师和居住者情况不明(图3-78)。

图3-78 商住楼(1903-1904)西南向视图

①这家公司1903年3月15日在香港成立。在青岛起初只派驻一位经理。其另一家啤酒厂在上海。参见《德国殖民地手册》8(1908)第344页。1909年后公司领导部门迁至青岛。参见《德国殖民地手册》10(1910)第58页。

②参见纽康甫遗赠文件BSB ANA517, 广包公司(工程)照片集。

③大概在1914年后才加建了一层。由于这些扩建的附属建筑，北边对着目前院子的正面不复存在；而且东边入口位置也因扩建而有改变。对着大街南侧和西侧因此成为这座建筑整个正面造型的标志。

图3-79 青岛欧人城区西眺(1905)

这座三层建筑平行广西路。建筑西边一短翼折向莒县路，建筑北面与莒县路平行。

建筑外立面砖砌，整座楼贯通分隔楼层的水平线脚。南立面和西立面造型独特，使用花岗岩石材，具有代表性。南立面对称，两侧略凸出，冠以设计简单的装饰山墙，建筑拐角处错位砌筑方石。石材窗框。中间部分外廊立面横向六跨，二层和三层拱廊均为半圆拱，由双柱承托。一层立面外廊封闭。主入口位于中央，并不显眼、结构上也不出众。因此，一层封闭效果与上层开放外廊形成视觉对比。西边折角处立面很大程度上参照南边山墙样式，只是门窗不同。在莒县路上的立面也有两个外廊。只不过这里的立面上不再有那么多窗户，也未做过多装饰处理。北边立面上也有一个入口。

尽管基地形状给建筑设计带来诸多困难，但建筑师还是努力使建筑体量分段清晰，务实适用。设计重点是南侧外廊立面，该立面与广西路上的商业建筑风格匹配，两侧垂直山墙面和中央的水平外廊也构成一组设计上的平衡关系(图3-79)。

(28)相宜洋行商住楼(1905年前)

这座建筑整体保存较好，现用于商店、餐厅、银行和住宅，各楼层平面根据用途做了变动，楼顶改建过，北立面外廊用窗户封上了 (图3-80)。

这座商住楼建于1905年前，是相宜洋行(Paul Behrens)[①]的进口商店，位于湖南路中山路南段交叉口，是一座两层两翼的砖石建筑，表面抹灰。底层是销售室，上层是储藏室、客厅和业务室，临街建筑背后还有一个院子。

该建筑最引人注目的是其角部塔楼，原有一个钟形封闭屋顶，今已不存。通过风格匹配，这座塔楼与整座建筑相得益彰。不过因其所处角度，看上去结构又相对独立。两条街道的建筑立面结构不同，由连续水平线脚连接，两侧有几乎统一的半圆拱窗。中山路南段西侧立面不对称。中段山墙稍凸出，其一层是通往内院的大门。南段立面有两扇拱窗，止于加固砖(墙)角处，北段立面与塔楼相连。该建筑有一个连续四坡屋顶，使建筑的三部分看起来是整体。面向湖南路的北翼立面很大程度上采用了西侧立面的形式。然而，与广西路和湖南路上其他商业建筑类似，其结构是一个双层的、以前开放的外廊立面，两侧山墙略凸出，东部山墙略宽，其两层都内接三联窗。

由于其齐整的檐口高度、连续的水平衔接和两个立面的三角山墙母题，该建筑非常统一。西、北立面仅在屋面形式和凸出山墙位置略有差异：北侧外廊立面已发展为商住建筑立面的一种类型特征。它朝向湖南路，刚好也是欧人区的代表性商业街。西侧外廊或许在气候上更有意义，但却被封闭了。

(29)肥城路和河南路上两座同样结构的商住楼(约1905年)

这两座建筑现用作住宅，尽管北侧增建了若干附属建筑物，但依旧保持良好。其造型非常简单，位于肥城路，我们对其所有者一无所知。很可能它们是由祥福洋行按总督府启动的建筑项目建成的，因为它们与湖南路上该公司的三座简单商住楼相似(图3-81)。

---

①在通讯簿(1905年夏季前的情况)上这里标注的是相宜洋行(Paul Behrens)的商、住地址，而该处也驻有1904年12月创立的《青岛新报》编辑部。信息来源为波恩的马维立教授。

图3-80 相宜洋行商住楼西向视图(上,1910)、西北向视图(下,2016)

图3-81 肥城路与河南路两座相同建筑的南立面(上)、西立面(下左)、东南向视图(2016)

这两座相同的双层建筑背对一处相对较大的地块，该地块只利用了一部分。在内部，两层建筑统一可从北侧走廊进入。南侧外廊与建筑融为一体。在一层南侧，两座建筑都有半圆形拱门，其拱道独具风格，上面是木结构外廊。根据平面示意图，立面结构对称。

两座楼与青岛早期造型简单的建筑很相似，然而该建筑的外廊在某种程度上进一步改进，与建筑本身融为一体。简单的结构使其具有一种临时性特征，也许在建造之初就希望几年后当这一地块有更好利用价值时将其拆除，以在城区建造更大的建筑。

3. 小 结

直到1904年多数私人商住楼和商业建筑，其造型均师法同时期的德国模式，这可能是由于客户和青岛的德国建筑师的原因。然而，当时在青岛工作的大多数建筑师名字要么不为人知，要么建筑无法明确设计归属于某个建筑师。

在个别情况下，有时观察到建筑在结构和设计上的简单性，这当然是人们所希望的，例如山东铁路管理处大楼、馥香洋行大楼、德基洋行大楼、毛利公司大楼。

尽管存在材料问题和最初技术能力有限，但其他建筑并未放弃建筑装饰。另外，火车站大楼和亨利亲王饭店，几乎显示出对德国同类建筑特别明显的模仿。这些装饰也可从具有小规模折中趋势立面造型的商业建筑上看到，如“车站饭店”、嘉卑世洋行百货公司或亨宝洋行大楼上。施华蔻公司(Schwarzkopff)青岛总部就是一例，该公司在青岛建造房屋时，完全摒弃了香港风格，这一点可理解为追求“地方风格”的建筑发展。

因此，可以假设人们对(在青岛)创造一个受德国模式启发的城市环境有普遍兴趣。早期商住楼的造型肯定不会明确归之于建筑条例中对风格的含糊推荐。相反，这种兴趣可能影响了建筑条例中有关风格的部分。

在早期房屋系统规划的另一组建筑中，经常使用外廊和连拱廊，其中一些延伸到整个立面，非常引人注目。在早期建筑中，它们有时作为附属空间放在建筑前面，但多数与建筑融为一体，而且几乎无一例外出现在阳光照耀的建筑南面和西面。而防止强光照射的外廊，肯定符合“热带建房”[①]的一般理念，这一点在世纪之交后很长一段时间

①(在1901年)，“人们早期与其说是在地图上还不如说是在外面找到的街道，已清楚可认。有令人愉悦装饰外观的房子拔地而起，大多有华丽的外廊，因为最初几年人们仍相信自己始终生活于热带气候中。”Miehelsen文章第10页。也见文章第8页。仅因气候原因而建外廊使人难以理解。至迟在经历了最初两个冬天后人们方才放弃那些未曾验证的观点。

里也未能在德国建筑艺术中发展为固定的传统类型。因此，这些外廊在青岛的出现缘由相当模糊，也可能通过临时使用的出口房屋传进来。另一方面，在青岛建造外廊不能仅归因于气候。从一开始的气候观测[①]就很快表明，青岛不属于热带气候。冬季完全可与德国的季节相比较：只有炎热的夏季和高湿度对早期殖民者产生“热带效应”。然而，由于夏季的高湿度，阳光漫射非常厉害，所以外廊从气候考虑有限，同样其用途也不明确：人们不可能在阳台上长时间停留，例如在新加坡或香港，特别是在商业建筑中这些外廊也不能通达房间，因为青岛大多数建筑在北侧仍有走廊，可通过北侧走廊到达各房间。在这方面，商业建筑实际上让人想起了英国殖民地的“外廊风格”建筑；尽管如此，在德国东海(波罗的海)和北海沿岸港口城市也有这样的办公建筑。仅仅是建筑比例和两端的山墙立面，很难与任何更广泛、更古典主义的模式相比较。

因此，外廊首先可理解为装饰元素，因为它在青岛应用范围很广，部分以与德国相似的方式来应用，但也考虑到异国风格的需求。这一点在德华银行大楼、皇家邮局和礼和洋行商业楼中都有清晰表现。若干商业楼上的外廊只是一种讲究的形式，例如，布洛特公司的楼房和相宜洋行的商业楼：面向北方，外廊完全失去其气候作用，只具有装饰作用。当时青岛的大多数建筑都有在德国常见的陡峭高耸屋顶，只在很少情况下才使用低矮屋顶。亦如在德国，这些屋顶用于提升立面效果，如在皇家邮局和相宜洋行大楼上所表现的，而低矮屋顶[②]有利抵御热带风暴可能造成的灾害，如广包公司使用的出口热带板房，在这一时期，反而是例外。

1904年前所建商住楼中使用中国元素同样可看作是例外：它们在亨利亲王饭店中只是作为侧立面的造型元素出现，并在次要部位赋予该座建筑以异国情调。在原老衙门建筑或租借地被拆毁的中国村庄中，肯定有这样的样式。中国元素在建筑方面融入西方理念的情况，从广西路的祥福商住楼入口可以看出，尽管做了不寻常处理，却找不到其他将中国象征性形式融入西方结构背景的例子。

与此相对，海关、免费寄宿学校和瑞记洋行商业楼，仍有别于上述青岛早期建筑：海关大楼这种古典主义的、也许更确切说是“外廊风格”的建筑艺术，肯定与其建房者胶海关税务司阿里文密切相关。海关当局从属英国控制，人们很可能采用了别处已认可的造型模式。阿里文在汇泉湾畔的公务住宅采用了类似形式。受古典主义影响的瑞记洋行商业楼，并非一定与“外廊风格”有联系，同时或早期的先例也曾见于北德的建筑[3]。

五、教会建筑

青岛从一开始就是德国教会的一个重要活动场所。对两个新教传教会[4]即柏林第一传教会(“柏林异教徒基督教促进会”，1906年后改称“柏林传教会”，即“信义会”)和魏玛传教会(“新教—耶稣教传教协会总会”，后改称“东亚传教会”，即“同善会”)来说，最重要的任务是建立一个中心基地，并从这里出发在内地(德国控制之外地区)建立其他传教站[5]。其在青岛的传教活动只限于中国老百姓；对德国新教徒居民灵魂上的抚慰，最初只是由传教士协会负责，后来则由一总督府牧师接管[6]。与此相对，天主教斯泰尔传教会(圣言会)也关照少数在青岛生活的德国天主教徒。斯泰尔传教会在德国占领青岛前的1882年便已在山东活动，并在兖州府建立了其传教中心。

所有这三家教会均由总督府无偿拨给土地。两个新教传教协会被安置在城外北部相邻地块上，并在该处建设了其教会建筑群[7]。天主教斯泰尔传教会(圣言会)在大鲍岛和欧人区之间获得一大块地皮。

---

①参见每年出版的《胶澳发展备忘录》所附的气象表。也见Waltter Uthemann的《青岛——对德属胶澳地区发展的卫生工作回顾》第5～8页，莱比锡1911年出版。

②参见薛田资的文章第712页。

③参见Brönner著作第153～160页。

④1842年后，许多英、美耶稣教传教会在中国活动。确切说，德国耶稣教传教会的影响相对很小。其作用和意图见Erling von Mende的文章《对第一次世界大战前在华德国耶稣教教会的几点看法》，载郭恒钰编《从殖民政策到合作——德中关系史研究》，1986年慕尼黑出版，第377～400页。该处还载有其他文献和资料来源。

⑤然而魏玛传教会后来并未创建其他传教站，其活动主要集中在青岛。

⑥这项工作临时由柏林传教会接管。参见1902年度《胶澳发展备忘录》第25页。

⑦距此不远的美国长老会——当然未得到总督府资助——1905年前后在此建立了其传教会中心。

1. 柏林传教会（信义会）大楼(1899—1900)

柏林传教会[①]从1867年起主要在中国南部(华南)活动，其中心在广州。除建学校和医院外，还有一项主要任务是教授一年的"洗礼课"，并在结业后对信众进行洗礼[②]。该教会传教士昆祚(Kunze)1898年春到达青岛，后来得到传教士和士谦(Voskamp)和卢威廉(Lutschewitz)支持，开始着手在青岛建传教站，从此开始并在全省建立其他分支机构。

这座建筑保存完好，在后来的使用过程中，业主对其外墙施抹了灰浆，用窗户封住了外廊。现在是一家中医院(图3-82 、图3-83)。

该教会楼建于1899年，并在当年圣诞节迁入[③]。它既是一个传教站，供传教士住宿，也是一个培训中心；在这里临时设立过一个"德华学校"[④]。

建筑由两座两层楼房组成，山墙一侧朝南，由一个同样两层的纵向翼楼连接。在两层楼南面有连续拱廊，从那里可进入后面的房间。至迟在1906年后最外侧两个拱廊就用窗户封住了[⑤]，很可能早在1914年前整个拱廊就装上了窗户。鞍式屋顶。在南立面中央，屋顶上有一个小的弧形山花，山花上以前有一简单十字架。侧屋石材面墙裙，直至一层窗台。可能因资金有限，外墙其他部分非常简单，几乎没有装饰。这座适合热带气候的简朴建筑，肯定是对柏林传教会华南早期建筑范例的改进。外廊对适应华南的气候很有意义，它们也在青岛的建筑中占主导地位，高耸的鞍形屋顶，从侧面框住建筑的大山墙以及窗户和拱廊的平拱和弓形拱，使其有别于华南早期平铺式的外廊建筑[⑥]。

由柏林传教会建立的德华学校，起初就安置在教会楼中，1902年2月在同一地块上建了一座新楼，它有供100名住宿学生使用的礼堂、两间大教室、两间小教室、(学

---

①引用的其他信息有： Richter1924年的文章第616～619页。也见《中国基督教会的发展》(新教教会总史第4卷)。Gütersloh1928年出版。

②参见Weicker著作第187页以下各页。

③参见Richter1924年文章第619页。

④参见贝麦、克里格的小册子(1906年版)第101页。1904年该处也开设了一座神学院。见同一书。

⑤参见贝麦、克里格的小册子(1906年版)第101页的图片。

⑥华纳的书(第254页)未做进一步论证便指出，这座楼的功能不像英国殖民建筑。

图3-82 信义会大楼南向视图历史影像

图3-83 信义会大楼南向视图(2016)

生)宿舍、饭堂和澡堂及教师住宅[①]。然而这些都已不复存在。

2. 魏玛传教会建筑(1899—1900)

1884年同善会(魏玛传教会)创立，1885年已在上海建立第一个据点。1898年开始在青岛活动[②]。与柏林传教会相反，魏玛传教会很少传播基督教教义，着重建设医院和中学。在花之安(Ernst Faber)和卫礼贤(Richard Wilhelm)两位传教士领导下，青岛传教站成效显著。除了建立“礼贤书院”(今青岛九中)和花之安医院(Faber-Hospital)[③]外，还为中国女孩建立了一所中学，并从事大量重要的翻译工作[④]。

这座建筑仍保存完好，但侧面入口有变动，现仍用作教学楼。另外，一楼外廊在侧开间被墙堵住，二层外廊部分被窗户封住(图3-84)。

这座建筑建于1900年[⑤]，高两层，鞍形屋顶，南边设有两层木外廊。其中安置有传教士宿舍，起初这里也用于授课。该建筑可从南面经外廊进入；两侧山墙处各设有单独入口小屋。其屋脊和山墙轮廓按中国样板稍呈弧形。两个楼层各房间中间为走廊，即使无外廊，各楼层房间连接也与柏林传教会建筑不同。建筑立面抹灰，除角石外基本无其他装饰。

1901年9月完工的花之安医院[⑥]，专为中国病人看病，同样位于此处的教会地界内。病房1906年前后逐渐扩建达到9座单体建筑[⑦]。不过，这些建筑现今已不存。

---

①参见《德华汇报》10(1902.3.5)第1页。也见1903年度《胶澳发展备忘录》第28页。

②其他信息见von Mende的《魏玛传教会在青岛的活动》第382页，关于学校方面活动请见Paul Rohbach的《德国在中国向前！》第44~55页，柏林1912年出版。

③专为平民诊疗的医院，原武定路儿童医院旧址。——编者注

④魏玛传教会成员既把欧洲的文学作品译成中文，也把中国典籍译成德文，因此传教士卫礼贤的工作受到称赞。在由卫礼贤创意并在北京建立东方学院遭挫折后，1924年他担任了法兰克福大学汉学教授。

⑤这座建筑载于“青岛及其郊区的简图”上(BAMA RM3 6798 56)，反映截至1900年10月4日的建房情况。华纳引述说Franz Xaver Mauerer是建筑师。参见华纳书第256页。

⑥以1899年在青岛病逝的传教士花之安的名字命名。这座建筑很容易与已消失的专为欧洲侨民看病的福柏医院(Faber-Krankenhaus)相混，这座医院旧址位于德县路。

⑦参见贝麦、克里格的书(1906年版)第102页。

图3-84 魏玛传教会图书馆(上,1910)(下,2016)

图3-85 礼贤书院教学楼

3. 礼贤书院(1902)

整个学校今已迁走(图3-85)。

1901年6月[①]礼贤书院作为中国男子中学建校，基本遵照中国学校体制[②]。随着时间推移，学校设立了商工科，以及为获得中国大学入学资格而设立的高级中学。除中文课程[③]外，德国教师还教授德语和自然科学科目。根据魏玛传教会的原则，不设宗教课程。

1902年第一座教学楼建成，其平面参照中国形式：相连的寄宿学校教室和宿舍大部分为平房，围绕四个内院。多数屋顶呈中国的卷棚样式，部分覆有在中国常见的凹凸板瓦。许多细节造型均按中国样式，如通往个别院子的大门。在内部，教室几乎与德国学校毫无二致，而平拱窗的使用也取自西方的建筑艺术。

不过，这座书院并非全都采用中式设计；很可能学校由魏玛传教会某一成员规划设计，根据学校要求，他在建筑造型方面基本参照中式样板。建筑群也被刻意设计成中式院落——卫礼贤将其定性为“中国式学校，在建筑布局上也是如此”[④]，它是一个简单的砖砌集合体，在世纪之交德国的学校建筑或学校扩建中也可以看到。这些建筑按中国样式排列，作为一个庭院建筑群，主要通过屋顶形状和大门体现中式效果。其建设之所以如此简单，肯定出于财政原因，当然也基于教育原则：“学校不应当讲究适应于欧洲式的舒适安逸，它对未来的生活无用，而应当学习整洁和守时的中国作风。”[⑤]

4. 斯泰尔传教会（天主教）建筑

斯泰尔传教会，即原来的“圣言会”(Societas Verbi Divini)，是服务非基督教国家的天主教会，1875年成立于(荷兰)斯泰尔。其主要使命是使更多非信徒皈依天主教、进行洗礼和建立教区[⑥]。1882年起它置于德意志帝国保护之下。从此，它便在主教安治泰领导下，作为梵蒂冈教会在中国鲁南地区的管理者进行活动。它是山东最大的德国传教会，有70余位传教士[⑦]。主教府邸和教会中心设在兖州，距离青岛以西约250公里[⑧]。它从该处向外建设其他据点：自1898年起该传教会在青岛进行灵魂抚慰和传教活动，建设了一所幼儿园和一所欧洲女子学校以及一所治疗中国病人的医院。

青岛的斯泰尔传教会早在建造原有教会建筑群前，便先在湖南路修建了主教安治泰的府邸，并在大鲍岛建筑了另一些出租房[⑨]。直到世纪之交后，才在划给教会的土地上正式开工建设教会建筑群(图3-86)。

在青岛的第一版城市规划中，天主教传教区和天主教堂的预定建筑地点位于火车站和工业区附近的公园内，但在安治泰主教抗议干预下，传教团在位于欧人区与大鲍岛之间的山脊上获得一处中心地块，可以很方便到达两个城区。该地块宽阔，位于德县路西南，南界肥城路和曲阜路，西界潍县路南段，东界安徽路。该地块是德国根据修订后的第二版城市规划开发设计的，其中包括教会管理机构、学校(包括寄宿学校、幼儿园)以及后来的大型教堂，同时也考虑到在此期间可能发生变化的道路布局。

①“同善会(即魏玛传教会)在青岛着手建造一座教学楼并于1901年6月20日开设德华学校，有男生30名和4名教师。”见1901年度《胶澳发展备忘录》第26页。这所学校起先设在教会楼内。

②“成立这所学校，除为这些学生提供除中国古典教育外，还尽可能教他们学习全面的德国分校课程。”见1901年度《胶澳发展备忘录》第26页。有关魏玛传教会学校进一步的情况见卫礼贤和Hanna Blumhardt文章《我们在青岛的学校》，同年在柏林出版。

③“每周14~20课时对经典的背诵和诠释、历史和作文。”见Rohrbach著作第51页。

④卫礼贤和Blumhardt文第3页。

⑤《德华汇报》38(1902.9.20)第3页。

⑥也见Johannes Beckmann的“近代(1841~1912)天主教在中国的传教方法。关于工作方式，其障碍和成就的历史调查。”Immensee1930年出版。

⑦参见Heinrich Betz《自青岛开埠以来山东省的经济发展(1898~1910)》第7页，1911年青岛出版。两位斯泰尔传教会传教士1897年11月1日在巨野县(在教会中心兖州西南约80公里)附近被杀是德国军队占领青岛的官方借口。有关斯泰尔传教会在德国占领青岛前在山东的活动见Karl Josef Rivinius SVD文《鲁南的天主教会》，圣奥古斯汀1979年出版。也见Richard Hartwich SVD著作《斯泰尔传教士在中国。I.1897~1903年间通过传教活动开拓鲁南》。圣奥古斯汀1983年出版(Studia Missiologici Societaits Verbi Divini Nr.32)。

⑧关于斯泰尔教会在兖州和青岛的建筑见华纳书第170~177页。

⑨“天主教会在大鲍岛展开了大规模建筑活动。新建成的单层房子原是为中国人而建的，但很快为德国人所租住，部分解决了住房紧缺问题。”见《胶澳地区的建筑》一文，载《德国建筑时报》22(1900.3.24)第134页。

图3-86 斯泰尔(天主教)教会中心南向视图(左,1903)(右,2016)

在该地区东部，从浙江路进入曲阜路入口处建立了教会中心；循肥城路直到潍县路南段入口，是“圣心修道院”。原定在教会中心和“圣心修道院”之间空地上建设的大教堂，直到1930年代才建成。

这座建筑保存完好，现用于商业和企业办公。南部角楼入口建房时不曾规划，系后来增设，塔楼屋顶缺失，曲阜路上的立面在此期间抹灰。

1901年，教会中心——“传教士府邸”[①]基于修订的(青岛)城市规划在德国完成设计[②]，按慕尼黑的建筑工程师贝尔

①Hartwich1983年著作第473页。

②没人知道为什么这些设计在德国完成。教会很早就在中国建设了许多建筑，都在当地设计。显然并没有或充其量不过是有限的审批程序。例如对戴家庄的建筑就特别指出，并未经斯泰尔传教会批准。参见Hartwich1985年著作第91页。按照1995年2月22日罗马天主教会档案馆P.Antonio Blöhsel SVD的答复，并没有斯泰尔传教会建房的标准平面图。

纳茨(Bernatz)的方案建成[1]，所以开工较晚。在这座建筑中，有管理部门、传教士住宅、一座小教堂[2]和一座印刷厂，厂内有宿舍，供两位未授圣职修道士和二三十名中国排字工、印刷工和装订工居住[3]。这座建筑围绕小体量辅助建筑逐渐扩建。

建筑坐落于面向西南的锐角场地上：两翼沿浙江路和曲阜路展开。其他单层简易辅助用房位于东北方向，形成若干小内院。教会中心沿浙江路的房子都是两层，而沿曲阜路则保持一层。包括两层的西翼在内，所有一层建筑群基本是未抹灰的无装饰砖结构建筑。西翼房间面向街道，可通过内院一侧拱廊进入。目前这些拱廊已用窗户封闭。两个入口位于街道两侧。除西南部加固角楼上有一复折屋顶外，其他部分都为双坡屋顶。建筑西南角塔楼的出檐线脚和西立面塔楼式凸出部分均单独建造。

从曲阜路和浙江路远观，最引人注目的是西南角塔楼，通过加高半个楼层使其檐口高于西立面屋顶统一檐口。向西的主立面与塔楼相接沿浙江路延伸。一层深灰色砖墙坐落在石材基座上。建筑立面规则布局大窗，从弧形拱开始辅以红砖和天然拱顶石，角部塔楼上有半圆拱窗。接着建筑西南区角亭的，是西侧有主入口的连拱廊。两个楼层被两条简单水平线脚界定的面分开，该界面在角部塔楼和亭子厅范围做成装饰栏杆状。建筑上层立面抹浆，并通过不规则石框单窗或双窗划分。立面中心稍南有一凸肚窗，是立面上最重要装饰元素，它与两侧两扇窗户都贴有彩色玻璃膜。装饰山墙两侧都是强弧形螺旋饰轮廓，山墙面上有一圆窗，顶部由一小三角山墙封住。

在曲阜路建筑南角的角亭也采用西立面形式，与之相接的建筑向东引出一层。在这一范围建筑退后街道线。在该处它按照西侧一层风格建造，尽管形式较简单。总之，建筑北面的一层和一层半部分，具有简易建筑的特点，似乎为临时使用而建。大约在这一翼中间，在一抬高的，如在北翼所建一层半的凸出部分一样，是另一处入口，通过该入口可抵达教会从前的印刷厂。内院一部分用作花园，其建筑形式简单得多。

为了应对分割不均匀的地块，该建筑平面和立面设计明显不对称。面向教堂广场或更确切地说是浙江路的西翼建筑风格更突出，容纳了委托人的所有房产[4]，与东面毗邻，未加任何装饰，很可能只是作为临时构筑物，建筑部分对比鲜明[5]。因此，有可能只是西侧的两层翼内是贝尔纳茨设计建的，而一层辅助建筑系临时添加，可能由于财政原因无法按最初的整体计划进行。教会中心建筑，由于其高度较矮，基座面积相对较大，矮平展开。事实上，与其预期用途相比，最初尺寸过大。不过，教会显然考虑了后续发展，可能还打算进一步扩建⑥。后来很晚才建的这块地皮的东部，从前肯定也是为其他添建项目计划的。

除文艺复兴式山墙设计和不对称的建筑结构外，没有找到其他对该风格的直接参考。然而，该建筑使用烧制成深灰色的中式砖瓦，这一点我们在主教安治泰的府邸中也可看到。它不可能是世纪之交德国天主教堂建设中经常使用的“修道院砖”，这种砖比传统的砖更宽大——这一点在斯泰尔传教会著作中也曾特别提及。这座在形式上属欧式风格的建筑，因选择了中国建筑材料而具有地方特色，深色砖块表面明显未抹灰，是教会领导深思熟虑之举。由于斯泰尔传教士在山东省内活动时间较长，在使用中国建筑材料方面积累了丰富经验，而青岛其他建筑商则有意回避这些材料——可能不仅出于技术和材料原因。与其他建筑商不同，斯泰尔传教会在建筑材料选择方面考虑的仅是中国实际情况，而非直接采用中国传统的建筑形式。

①参见Hartwich1985年译文第471页。

②小教堂已不存在，它被称为“简单的大厅，其全部屋梁构架均可从上面看到，是一种朴素的大教堂形式。”Richard Hartwich SVD：在中国的斯泰尔传教士。II.主教韩宁镐(August Henninghaus)1904～1910召唤斯泰尔修女。圣奥古斯廷1985年出版(Stulio Missiologici Societatis Verbi Divini Nr.36)第541页。“然而没有适于青岛情况的教堂……希望能有一座庄严的大教堂。”同上第542页。做弥撒时欧人和中国人分开。同上。

③参见Hartwich1985年著作第541页。

④参见Hartwich1985年著作第541页。

⑤贝尔纳茨的这些设计可能同样是两层，而且——类似于“圣心修道院”的内院——规定应是二区的，有拱廊过道。这一点在从西翼的两层房突然过渡到曲阜路的单层房一翼时特别明显。也许因缺少资金导致这种建筑结构上不满意的解决方案；据推测，建筑东部应再加盖一层或在这里应建一与西翼形式相应的辅助建筑。

⑥由于他(安治泰主教)这些明智的远见，使得当下的部署得以实现，避免了之后可能对教会带来的巨大伤害，甚至无法预料的危机。其深思熟虑还包括在未来的青岛，这座中国北方的商港，建造一座宏伟的教会建筑。相比之下，其余传教站，无论过去还是现在，都十分寒酸。”韩宁镐文“主教安治泰(续)”，载StMB6(1903/04)第88～91页，这里为第90页。

图3-87 圣心修道院(1903)

图3-88 天主教女子寄宿学校(圣心修道院)(1910)

5. **圣心修道院**(1901年，后扩建)

该建筑今天安置了各种办公室和住宅。内院已完全改造，德县路上的小教堂已变成一座办公楼。东、西翼各加建一层，因此原屋顶也被替换。只有建筑南角和西翼部分仍保留建成之初的样貌，但损坏严重 (图3-87)。

圣心修道院始建于1901年，正对天主教传教中心。这里并非原有意义上的修道院，而是在该建筑中设置了一所欧人女子学校，包括一所学生宿舍、一所幼儿园和女教师宿舍①。学校由斯泰尔传教会委托方济各会圣母女修士的修女负责②，斯泰尔传教会行使业主之权(图3-88)。

①参见Hartwich1983年著作第473页。

②参见Hartwich1983年著作第472页。有关斯泰尔传教会在青岛从事教育活动的一般情况也见：Karl Josef Rivinius SVD文章“中国的传统主义和现代化：主教韩宁镐在中国教育事业领域从事的工作(1904～1914)。”圣奥古斯汀1994年出版(圣奥古斯汀教会神学院在波恩出版的 Nr.44的出版物)。

该建筑群被规划为不规则的四翼建筑群，到1907年左右，在教堂广场仅建成两翼，沿曲阜路直到潍县路南段交界处。这些建筑沿德县路扩建——那里曾有一小教堂，于1910年前[①]在潍县路南段建成。这些建筑也由慕尼黑建筑工程师贝纳茨设计[②]，在传教会中心完工后不久建成。原两层建筑有三个长短不一侧翼，围绕一个内院，朝向内院的两层楼都有连拱廊，后用窗户封闭，改为通往外面房间的通道[③]。取代沿德县路未建成的北翼，是一座临时小食堂，1908年起用作小教堂[④]。所有房间均可采暖；显然，建筑内各设施被移动过多次，已难以确定设计时的准确用途[⑤]。估计1907年左右建造的西翼扩建部分，面对内院的走廊已封闭，且不再设计成拱廊，因气候因素未遵从原设计。所有翼楼都是鞍式屋顶，曾覆以筒瓦。

从外观看，该建筑较素雅：外墙抹灰——底层有分层混合灰浆——并且因石框窗户均匀分布而富韵律。上层窗户有自己的出檐线脚和装饰圆形图案窗的裙板。建筑东南角的两个角楼打破了宽大外墙的单调，其间冠以一装饰性山墙。大约在东翼中间，有大门进入该建筑，可能最早被设计成一个类似教堂大门样式。

这座广泛使用的建筑就像传教中心一样，1914年前肯定使用过度，这也解释了它根据需要陆续建造和扩建的原因。严肃而单调的街面使建筑群非常封闭；相比之下，内院由于有拱廊更显亲切。与教会中心一样，该建筑也由深灰色中式砖建造，但“圣心修道院”的这些砖都抹灰。与传教士总部一起，“圣心修道院”在教堂广场形成一个朴实无华却又庄严的背景。

6. 小 结

两个新教传教会的教会建筑构造类似。同善会在建筑群南面设置木制外廊，信义会中心长廊则与建筑融为一体。这可能源于其在华南的早期建筑或该地常见的建筑样式。与青岛其他早期建筑一样，门廊后来可能在德占时期就封闭了，这表明青岛的气候与最初预期的相比，并不炎热。不过，不同于考虑气候因素，很少认为外廊立面作为华南常见的西方建筑元素，借鉴了殖民地建筑。如果这样，设计必须更具代表性。

另一方面，礼贤书院是按传教士对中国学校建筑的想法，作为一个“中式建筑”建造的。这不是一个真正意义的中式学校，而反映了西方关于教学需求和结构必要性的想法，以及西方关于中国建筑的想法。为此，采用个别中国建筑形式，并组合成一个按西方理解的功能建筑群，结果产生了一座具有中式外观的学堂建筑，似乎是对中国学生形式上的迁就。在建造传教中心时，显然有意避免使用当地文化形态。

相比之下，斯泰尔传教会的整体建筑群比新教传教士的建筑规划更精致大气。此外，可能因它们位于市中心附近，所以设计更精致、更有代表性。在这之中，没有证据表明采用了中国形式。此外，这两座建筑明显是在德国设计的。如同在这家教会的其他建筑中已观察到的那样，使用来自中国生产的建筑材料，这可能与它们易于得到有关，也可能与更便宜的价格有关。在保留给欧洲居民的区域内使用中国砖，只能在1905年左右的斯泰尔传教会的建筑中得到证明，这不大可能是想使用中国建材的中国建筑商的想法。另一方面，不应忽视的是早在占领青岛几年前，斯泰尔传教会就已在山东腹地建立了传教建筑。这些早期建筑不可能使用西方建筑材料，理所当然使用当地的砖和砂浆。在这个层面上——而不是从造型方面看——通过使用熟悉的本土建筑材料在其他殖民地则是有意避免的，造成一种有地方特色的印象。

---

①该建筑渐次开建肯定是斯泰尔传教会财政紧张所致：“修女们担心，仅是我们所建房子的款项尚未付清。”韩宁镐主教1904年9月25日致信斯泰尔传教会创立者Arnold Jansen神甫。我感谢罗马天主教会档案馆本笃会修士Schroetel的这个说明和摘引。

②参见Hartwich著作第471页，1983年出版。

③建室外走道肯定符合原先的规划。这些走道很可能——至少在楼上层——从一开始就用窗户封住了。1902年1月到达青岛的一位修女，在介绍这栋建筑的第一印象时这样写道：“……第一层宽敞的走道由20扇窗户照亮。”摘引自Hartwich著作第472页，1983年出版。

④直到此时，屋顶下房间仍作为小教堂用。参见Hartwich著作第544页，1985年出版。

⑤参见Hartwich著作第472页。“长老会极力推荐其高级房舍，这些房间以其各方面的现代卫生条件，舒适的环境和设计很美的花园来满足寄宿者最苛刻的要求。”贝麦、克里格所编《青岛及周边导游指南》(英文版)第47页，1910年版。

六、大鲍岛、台东镇和台西镇

有些资料将大鲍岛称为“中国城”，或干脆称为“青岛—大鲍岛双城”的独立部分，最初专门安置中国居民，是新建城市综合体的组成部分。然而，最初在欧人城区建造的困难导致欧洲人一开始也在大鲍岛定居。早在1898年，因担心在租借地定居的大部分中国人外流，在总督府建议下建造了可容纳500人的住所[①]，随后几年，大鲍岛的建筑活动发展比欧人区快得多。1901年，大鲍岛规划的所有土地都已售出[②]，因需求巨大市区不得不扩大。1907年，大约有30000人居住在大鲍岛[③]。在今中山路北段以西，主要是中国和德国的小企业，因为这里规划的建筑地块大一些；以东地区主要是住宅和店铺。尽管很大程度上针对中国人的需求，但这里也提供欧洲商品，因此大鲍岛也发展为欧人购物区。

大鲍岛作为一个街区开发，最初的建筑多为单层，非常简单且内院无装饰，部分也建成上海风格[④]。房间大小和高度由大鲍岛的建筑条例规定。尽管建筑类型与中国北方四合院基本一致，但单层建筑的房间布局连同走廊和房间排列更符合西方理念。也许出于卫生考虑没有采用香港常见的经济公寓式房屋[⑤]，即无固定房间布置、通常也无厨房厕所的多层建筑。

有关大鲍岛发展早期阶段的资料，笔者几乎一无所获，只能通过老照片和地图基于很少信息进行一点推测。大多数房屋在1914年前加盖了楼层，或被更大的建筑取代[⑥]。在随后的日本占领时期，大鲍岛是日本居民的主要居住区，这又导致大范围的改建重建。

位于原城区外约3公里的台东镇，为港口及附近拟建工业区而建，是唯一作为近郊工人城镇的中国人居住地。根据平面规划，很大程度上是采用中式设计的近郊城镇，从1899年开始迁入居住[⑦]。与大鲍岛类似，该地似乎发展迅速[⑧]，原先的房屋建筑构想与大鲍岛相似。当然，作为一个完全为中国老百姓保留的居住区，在平面布局上只要没有违背建筑条例，更多考虑中国人的居住理念。而在日本占领期间，随着公路网的扩大，台东镇也发生了根本性变化[⑨]。

车站以西郊区台西镇的变化也是如此。然而，由于距离港口和该处工地不远，台西镇在德国占领时期未能得到较大发展。

七、1904 年前建筑活动的总结

到1904年为止，青岛大部分建筑基本以德国模式为基础，这在公有建筑中表现尤为明显：公有住房全都采用德国同时期的相同造型；野战医院亦如监狱等从布局和结构上都符合德国同时代的新式建筑要求；兵营从结构上看甚至超出了同时代的要求。外部设计同样精致，即使两个军营综合体结构各异：俾斯麦兵营为新哥特式变体，依尔梯斯兵营是横向展开的宿舍建筑，考虑气候情况外廊立面向南。总督府学校建筑的结构也以德国教学楼为准，而其设计表明，它是为了临时使用或准备未来扩建。

这种类似情况也出现在租借地的新建私人建筑上。无论建造商住楼还是仅用作居住的房屋，基本上采用了德国常见房型。自然，在这里可以观察到一个改进，那就是在广泛建造外廊立面方面——全都比建造公有建筑时更明显——在早期建筑中似乎考虑了气候的合理性，但饰以当地惯用的一种装饰形式。现在宽大的阳台和连拱廊大多融入整个建筑结构中，服务于一种德国常见形式：看不到在风格上参照英国殖民地建筑的“外廊风格”。很可能源于既有设计，所描述案例中少数显示与“外廊风格”相似的例外情况是美国业主或阿里文的建筑，他曾在华生活很长时间并为中英两国服

---

①参见1898年度《胶澳发展备忘录》第15页和Kronecker著作第12页。

②参见Kronecker著作第12页。

③参见Weicker著作第52页。

④“主要建筑活动展现于大鲍岛，该处有一系列简单中——欧式房屋的街区……在那里同样有家德国公司建了一大片有上海常见风格的中国住房。”1899年度《胶澳发展备忘录》第28页。

⑤参见“简易公寓出租房•主要的房屋建筑形式”，载Pryor/Pau文第101页。

⑥“在大鲍岛建房几乎见缝插针，租借地最初一些年所建大部分单层房子都被拆除，以便为建造更高大雄伟的楼房腾出地盘。许多建筑都加建了二层。”《1913年的胶澳地区》第2页，青岛1914年出版。

⑦ 该处亦如在大鲍岛一样，先由总督府后则由私人方面建了住房。参见Kronecker著作第12页。

⑧“该租借地的建筑活动1901年格外活跃。……在台东镇建了360栋有2和3套住宅的单层中式房屋……”1902年度《胶澳发展备忘录》第36页。这个数字很可能夸大了。

⑨参见Adolf Haupt小册子“青岛导游”1927年版第71页。也见《中国的城市变迁》一书第110页，Madison1978年版，引自Joachim Hettler《山东——中国的一个经济区及其发展》第38页，慕尼黑1992年出版。

务，他们使用这种设计类型，与其说是想区别于德国建筑，不如说是一种习惯的结果。教会建筑造型总的来说极为多元，尽管各教会都有自身特点：斯泰尔传教会最重要的建筑都在德国设计，相应地造型上并没看到中国影响。然而，与青岛其他地方不同，这些建筑使用了大家都有意回避的中国建筑材料。新教传教会建筑肯定是在当地设计的，与殖民地的私人建筑非常相似。一个有趣的例外是同善会(魏玛传教会)礼贤书院的设计，在建筑造型上积极采用了中国样式。

在青岛早期建筑中很显然刻意避免使用中国建筑艺术素材。中国的装饰形式“寿”被用于亨利亲王饭店外部造型设计中的异域部分，或用于总督府学校的造型元素——从这层关系也可看到其他一些受中式(建筑)启示的屋顶形式，但使用范围有限，可理解为只是个别情况。相反在礼贤书院建筑上中式元素却占主导地位，这是对中国学生的一种“迎合迁就”，这一点不适用于欧人区建筑。但在大鲍岛存留的建筑上也不曾明显看到；即使因该处老建筑大面积拆除，这一点已难以准确追溯。

德国建筑形式居主导地位，一方面是由于客户要求；另一方面也是总督府考虑到必要的建筑后勤保证(物流)和建筑工业，同时也因来自德国的建筑师和工程师广泛投身公有和私人建筑的规划，当地私人建筑公司也提供建筑设计。此外，中国的建筑公司在租借地也很活跃，城市早期发展中的一些中国主题肯定与此密切相关。

在世纪之交的青岛，许多德国建筑师都感叹建筑材料供应不足，尽管早期建设中这种匮乏尚不明显。在总督府支持下，1899年建成的捷成洋行砖瓦厂缓解了建材紧缺，而且使生产型砖也有了可能。今天可以看到早期建筑外墙中一些砖块表面涂红漆，可能是1914年前做的，既作为一种表面保护，也统一了颜色。

第四章 1905～1910年间的房屋建设

一、1905～1910年间的发展

1898～1904年期间，租借地经济和建筑方面发展快速，至1905～1910年期间有所放缓。1905年2月11日，代理总师孟(van Semmern)接替返国度假的总督都沛禄的职务[①]，后者在1906年9月前一直在休假。日俄战争结束对青岛的发展产生重大影响，同时也对东亚其他殖民地的发展产生重大影响：在1905年5月27日和28日的对马岛海战中，日本海军摧毁了俄罗斯舰队，日本获得与活跃在东亚的主要欧洲国家相同的军事地位。一个西方大国首次在军事上被一个亚洲国家打败，比东亚新军事力量平衡更令人印象深刻。随后，梯尔庇茨在帝国国会要求采取“特别措施”，以加强青岛的防御能力，但始终未落实。到1904年，一些贸易公司在青岛落户，其货物主要满足总督府、驻军和相对较小的民用需求。之后，当建筑公司受益于增加的建筑活动时，1905年后，随着几个月来笼罩亚洲各大商埠的普遍经济萧条[②]，贸易和贸易公司不再涌入青岛。1906年，德华银行发行自己的纸币，以抵消持续的币值不稳和白银支撑的墨西哥鹰洋的稀缺性带来的负面影响[③]。

自1905年以来，由总督府经营的青岛造船厂在大港投产。造船厂附设一所徒工学校，中国人在那里接受各种职业技能培训[④]。然而，其他工业项目的发展却遭遇困境：德华丝绸工业公司在郊区沧口雄心勃勃创办丝绸厂，由于各种原因无法盈利，不得不在1910年前完全停工[⑤]。早在1906年，由于开采的煤炭质量较差，山东矿务公司的矿井就无法运营盈利。除黉山矿井的煤炭外，其他矿井产出的煤因不能大量卖给山东铁路公司或海军，也不能出口其他东亚国家而获利。在中国市场上，煤炭低价出售，没有利润可言[⑥]。而本来规划作为租借地另一重要经济支柱的旅游业，这一时期也未取得显著发展。即使是对青岛持友善态度的(胶澳发展)备忘录，也以消极口吻来描述截至1908年的经济发展。山东的农业歉收，最重要的出口产品丝绸、花生和兽皮价格急剧下降，都阻碍了出口，又导致航运减少和总督府收入下降[⑦]。人们寄希望从中国其他沿海城市，特别是从上海转移到青岛的贸易并未出现[⑧]。1906年9月16日美国领事馆和1907年11月26日英国领事机构在青岛设立，虽然表明该租借地得到了进一步承认，但美国领事馆几乎完全服务于保障美国传教会的利益，很少关心当地日常的政治和经济事务，因为英国和美国在青侨民数量非常少。直到1909年，经济状况才有所改善。1909年10月2日，中国商会成立，以促进中国贸易。当时，中国政府和总督府已开始就成立青岛特别高等专门学堂进行谈判。同年，大清银行在青岛设立了一家分行。

1909年4月6日，后来的总督麦维德(Alfred Meyer-Waldeck)代理再次回国度假的总督都沛禄的职务。1910年4月2日总督都沛禄返回青岛；1910年6月～11月，麦克伦堡公爵约翰·阿尔不莱希特访问青岛。自1910年9月19日起，北德劳埃德航运公司的帝国邮轮定期停靠青岛[⑨]。

根据经济统计，1905～1910年间青岛居民人口增长甚微。欧人居民数从1225人增至1621人——其中约1/5是总督府行政职员[⑩]；中国居民数从28477人增至34180人。尽管居民人数增加很少，但城市发展却堪称超常。

二、建筑发展

1905～1910年期间，租借地经济发展不尽如人意，也可从这一时期私人建筑的建造数量中看出[⑪]，土地销售也相应减少。为了刺激建筑业，同时也为了降低人们普遍抱怨的高房租，总督府为私人住房建设提供了贷款优惠[⑫]。相比之下，有报道称中

①参见谋乐编《青岛全书》一书第477页。

②1907年度《胶澳发展备忘录》第8页。

③1907年度《胶澳发展备忘录》第15～17页。

④参见麦维德文第327页。

⑤参见Betz著作第36页。

⑥参见Schmidt文第104页以下诸页。

⑦参见1909年度《胶澳发展备忘录》第8页。

⑧、⑨参见Betz著作第21页。

⑩参见E.Wagner文“德华问题”，载《殖民地政策、殖民地法和殖民地经济》杂志7(1909)，第569～575页，这里为569页。

⑪在各年度“发展备忘录”的相应章节载有关于建筑许可的统计，其中1905～1910年间共批准包括改建和增建在内的70个建筑项目。然而这个数字显得很高。在同一时期报道了为中国老百姓批准的100个建筑。根据人口统计这些数字不太可信。因为在欧人城区建成的新建筑少得多。

⑫参见1908年度《胶澳发展备忘录》第6页。

国人的建筑活动反而更强劲[①]。直至1909年底，欧人区的建筑活动才出现明显上升趋势。与私人建筑活动相比，公有建筑活动相当活跃，这是由于政府和行政建筑需求还远未得到满足，其建设早在1905年前大部分都已计划或规划。由于经济衰退，一些青岛的建筑公司只得承接来自租借地以外的工程[②]。

三、公有建筑

1. 行政管理建筑

(1)警察局大楼和区公署(1904—1905)

这座大楼保存特别好，而且向北扩建了辅助建筑，目前仍作为警察局(公安局)办公使用，因此不能随意进入。

该建筑由政府建筑工程师斯托塞尔(Stössel)[③]设计，1905年底移交使用[④]。它位于城市西部今湖北路一块八角形地块上，因其便利的交通位置，在城市规划变化过程中，一开始就预留给警察局大楼和相邻附属营房[⑤]。在同一地块上原有警察局欧人营房及已不存在的中国警员住宿楼，是1906年“按中式建筑样式”建造的[⑥]。

这座两层抹灰砖砌建筑的核心部分一定程度上从街道建筑线稍退后，主立面朝南。另一个侧翼从建筑东部通向北部，形成一个L形平面。在建筑两翼交会处的旁边，一面山墙向南凸出，其西矗立一座高塔，用于瞭望火灾和悬挂消防水龙带[⑦]。这座塔楼位于今蒙阴路中轴线上，南立面上还有一个连拱廊，警察局大楼主要入口是平拱门，南立面上这些要素合在一起构成了该建筑最有特点的区域 (图4-1)。

一层是警署管理部门办公室，二层则是区公署之所在。警察局长办公室在建筑二层东南凸出部分[⑧]。

整个立面抹灰，窗子镶框和水平线脚均使用光滑天然石料，墙上凸起的垂直线条则使用清水砖。楼角加固部分同样使用清水砖和不规则嵌入光面方石。楼东南角凸出部分檐口线上南、东面各有一三角山墙，呈敦实小方尖碑的轮廓，颇具韵律感；山墙面凸起的垂直和水平线脚构成网格。南立面西部，还有一造型类似较小山墙，位于檐

图4-1 警察局大楼和区公署南向视图(2016)

①参见1908年度《胶澳发展备忘录》，见第69页。

②同上并参见华纳书第574页。“由于租借地房屋的建筑活动，那些参与建设的建筑师的声誉已远远超出胶澳地区边界。无论中国人还是其他国家的人，尤其在上海和天津，都想把工程交给这些德国建筑艺术家来做，主要是涉及复杂和大规模的建筑项目。在租借地本身，自从其被占领以来，无论公有还是私人方面，都以其勤奋和干练精神进行房屋建设，以致租借地首批卓有成效建设的建筑物都接近完工程度。在由总督府主持建设社区和公有建筑，如教堂、学校、医院和兵营、港口设施和造船厂的同时，私人企业家将其主要力量放在住宅、经济和工业建筑方面。私人企业家因其从德国政府方面获得国家信贷，优势远大于其在德国的同行。”郭尔特伯格著作第590页。

“欧洲人大多将其建筑交由欧洲建筑公司建设，这比完全委托一个中国人更能保证建筑施工质量。当然该中国人与德国建筑工程师一样，要把建筑图纸送交建筑监管部门，对项目从结构建造阶段到完工后验收，因此建筑安全性得以保证，还从未出现过事故情况，而且与诸如上海等缺少建筑监管部门的其他口岸城市相比，尽管有熟知的中国人因粗心大意用灯造成火灾，但仍属少见。”Wagner著作第573页。

③参见贝麦、克里格书1906年版第65页。

④参见《青岛警察的发展》一文：载日本波多战俘营战俘编《营火》，1909年1月号第87~96页，此处为96页。也见1905年度《胶澳发展备忘录》第37页。

⑤参见Gustav Maars文《青岛的警察和中国人》，载日本波多战俘营战俘编《营火》，1909年1月号第389~401页，此处为389页。

⑥参见1907年度《胶澳发展备忘录》第48页。

⑦参见Maars著作第392页。

⑧参见Maars著作第399页。

口线以下。塔楼立面单独划分。其顶端另有一楼层，嵌入窗户和水平线脚。

警察和区公署大楼是行使德国权力的中心，按照德国国内警察大楼的风格设计。立面简单装饰；大山墙面效果主要来自其清晰、简单的网格结构和内部材料变化。最有特色的元素是塔楼，不过也有其功能属性，而不仅是一个纯粹的权力象征。这座建筑看起来更像一个当代的小市政厅，与同时代在青岛建造的其他公共建筑相比，它没那么显眼，这可能与资金有限有关。建筑物西南部异常小的辅助建筑表明——与山东矿务公司的情况类似——此处可能有扩建。后来的扩建工程，当然是在1914年后，并未遵循斯托塞尔所设计的形式和立面。

(2)警察局大楼和欧洲警察宿舍(1905—1906)

这座建筑外表保存完好，现属公安局用房，无法进入，西侧和北侧无法看到。

欧洲警察宿舍位于今泗水路，对着曲阜路入口，也在为警察局保留的八角形地块上，警察局大楼以北。1905-1906年间这座建筑由广包公司[①]所建，用作欧人警察宿舍。

建筑沿南北方向延伸，包括一个南部较宽的横向三层楼，从该部分向北延伸出一个两层翼楼。在建筑西南角，有一凸出角亭。外廊贯穿三层楼，并有自己的四坡屋顶。楼层平面布置不详(图4-2、图4-3)。

整个建筑外立面砖砌抹灰。在个别位置，如窗拱上侧和上层窗台间区域用砖块装饰图案。东立面沿统一建筑线延伸；在建筑南部三层部分和北端之间是两层外廊，底层由平拱门封闭，上层木结构。通往地下室的门廊是砖拱结构，拱墩石由天然石砌成。其上先是一个平屋顶，之后才是陡峭的屋顶。

从建筑西南角开始，外廊结构稍退后，但仍在原建筑前面，并且几乎沿整个立面向东延伸，仅在建筑拐角处可以看到原建筑一小部分。外廊比主屋顶低一点，如在东侧一样，通过一个中间转折与主屋顶相连，因此被强调为一种附加结构。与这种渐变相反，立面设计传达了一种更统一的形象：第二层阳台的下压式平拱形式，即使被壁

①参见BSB ANA 517纽康甫遗赠档案：广包公司工程照片簿。亦见1907年度《胶澳发展备忘录》第48页。

图4-2 局长宿舍和警察局大楼(1908)

图4-3 欧洲警察宿舍(1905-1906)

柱切割缩小，在建筑西南角角亭上也能找到，而底层连拱廊之间和二层窗台水平线脚处又重新采用平行条形图案。楼上三层连拱廊木结构与二层角亭厅形式相同，该处石砌连拱廊，如三层一样以连续壁柱划分。

通过外廊与外墙结构的互动，该设计达到了一种生动效果，使该建筑具有一种轻盈感。这里外廊是一个独特案例，在同时代德国建筑中找不到先例。

(3)屠宰场管理大楼(1903/1904～1906.6)

这座管理大楼保存完好，目前作为餐馆使用，其他原屠宰场的设施用途不明。

原屠宰场按照政府建筑工程师斯托塞尔①的设计图纸建于1903年4月到1906年6月间②，位于海边居住区外西侧，以免屠宰气味散入市内。原有屠宰车间由三座彼此平行的单层建筑构成，通过一座上方耸立水塔的横向建筑相连。管理大楼从街道稍后退，东接整个建筑群。这家屠宰场也是当时一个颇有名气的项目，因其造价高昂而使总督府饱受批评。该项目采用了自1870年以来德国在屠宰场建设领域深入研发取得的最现代化卫生标准和成果③。德国的专业文献当时对其大加赞誉④。这座专供青岛市鲜肉的大型屠宰场，仍有相当大的扩建余地，规划时显然考虑了未来人员大幅增加的可能，或许也为将肉出口到东亚其他地区打下了有利基础。

这座行政大楼高两层，平面矩形。立面左右对称，两端山墙孟莎式屋顶。一层房间面积大致相同，由一条中央走廊连接，设有屠宰场的管理部门和检验室。二层房间则根据用途随机分配，有屠宰场职员住房和其他管理房间。建筑覆有一高耸四坡屋顶，凸出附属建筑孟莎屋顶，外廊上方屋顶似乎比主屋顶略微倾斜。

石砌基座。东面长边是街道上可见的主立面；对称设计，在中轴线上有一凸出侧门通往楼梯，被三角山墙封闭。两侧是封闭外廊，底层平拱洞口，上层木结构嵌入楼体，末端通向凸出辅助建筑。原来凸出的主入口位于中轴线北侧，与屠宰场建筑群入口门楼相对。入口是方石建造，渐缩的塔形平拱。除一条粗糙的拱墩水平线脚外，无其他装饰，由此特别强调花岗岩材料质感。西侧立面，凸出部分间有一统一抹灰墙面。建筑南立面无装饰，中心处有一凸肚窗。

图4-4 屠宰场管理大楼，南向视图(2016)

建筑物上层，转角挑出部分以内墙面由平滑角方石块分界，这些方石外包装饰性木框架。整个木框架安放在北侧木支架上。山墙表面原用木框架覆盖，现覆盖木板条。所有天然石材表面十分光滑，无图案。天然石材窗框，划分组合清晰 (图4-4)。

以一个屠宰场管理大楼的建设任务来衡量，该建筑花费高昂。斯托塞尔没有采用简单的砖结构，而是通过建造外廊，在设计中融入住宅和商业建筑元素⑤。代表性

---

①参见1907年度《胶澳发展备忘录》第35页和谋乐编《青岛全书》第447页。

②参见贝麦、克里格《青岛及周导游手册》1906年版99页。

③参见Stefan Tholl文《普鲁士的血墙——19世纪作为公用建筑任务的屠宰厂》，Walsheim1995年出版(萨尔布吕克1994年博士论文)第61-62页、第315~319页。

④参见Oskar Schwarz《公用屠宰场的建设、设施和经营》(由H.A.Heiss新修订的第4版)，柏林1912年出版，第26页。

⑤为从建筑上提升屠宰场建筑身价而为屠宰场管理建筑使用别墅类型建筑，这种情况1897~1905年间在德国曾个别出现过，参见Tholl著作第313及下页。

图4-5 青岛屠宰场，左为管理大楼，东向视图(1910)

特征表现在入口处石材组合上，表面抛光，结构清晰，也体现在山墙上木框架外墙及建筑的对称结构上。出于卫生考虑，该建筑群位于住宅和商业城区外的空旷地带(图4-5)，直到1914年才开始在此处规划居民区，通往该建筑群的唯一道路被命名为“屠宰场大街”(今朝城路)，但未开通公共交通。

(4)总督府办公大楼(1904～1906)

该建筑保存非常完好，1994年前用作青岛市政府办公楼。在此期间，市政府进行了扩建，在背后建了一座与旧楼外形几乎一样的新楼，但面向西北，与老楼镜像对称。

总督府办公大楼，以下简称总督府，这也是当时青岛的惯例，是租借地中央行政大楼，除总督和总督府参议会办公室外，还包括租借地的大部分行政机关、胶澳图书馆和总督府雇员公寓。该建筑位于今观海山斜坡上，是城市规划中最核心的位置：其下方街道布局强调对称，突出其在城市规划中的中心地位。其中轴线是(今青岛路)笔直通向建筑入口。大楼周边紧邻住宅区，该建筑本身突破了该处的房屋建筑规定，前方矩形广场巨大突出。总督府办公大楼是全市最重要的建筑，其工程本身也是政府行政部门最主要建设任务，无论是其所处地理位置，还是其设计造型都给人留下深刻印象(图4-6)。

工部三局(房屋建筑)副局长、政府建筑工程师马尔克(Mahlke)[①]1903年10月初完成了这座大楼的设计，1903年10月28日下达了开工命令。经多轮爆破，1904年4月28日开始建筑施工。1905年7月24日上屋架，9月封顶，1906年4月2日交付使用[②]，几乎用了两年时间。这座大楼基本按照马尔克呈交的方案建造，只是房间利用部分稍做改动，未按其设计来匹配房间[③]。帝国海军部花费了约85万马克总造价。这是一座三翼建筑，包括有北向楼梯间的核心中翼，东西各有另一翼，向北伸到端亭子厅，总共有五个可用楼层。建筑底层长82.34米，宽41.61米；从半地下层地板到屋顶尖端高23.26米[④]。这座建筑是作为背衬铁骨架结构建设的，在以装饰砖背衬前就已经固定了立面的花岗石[⑤](图4-7)。该项目[⑥]是除港口建设外花费最大的工程，几乎所有青岛的建筑公

①参见DAW22(第4卷)1902年5月28日刊。马尔克在设计阶段因局长、政府建筑工程师施特拉塞不在，暂时接管其工作。参见DAW51(第4卷)1902年12月19日刊。马尔克为"……这座雄伟的、而且从建筑学方面看也是最有影响的建筑"制定了所有成本估算、计划和图纸。见《青岛新报》(以下称TNN)1906年4月11日第3页。马尔克负责该项工作直至其结束。他在建筑交付使用后不久便离开青岛，并从1907年起在Angermünde担任王家县建筑局长。参见马尔克"青岛(胶澳)的新总督府办公大楼"一文，载《中央建筑管理报》(以下简称ZdBV)67(1907.8.17)，第444～447页，此处为447页。未精确报道应为总督府提交的"许多计划"。参见《德国之角(Das Deutsche Eck)——青岛德国人杂志》(以下简称DE)8(1982.12)第6页。这在各建筑部门内当然可能仅是内部竞争，并未对此建筑整个设计公开投标。

②所有建筑数据均据：《青岛新报》1906年4月11日刊第2页。

③"房间分配，因关键部门占用多次变换，只能听其自然，并未按照建筑计划而行，因此有意识使平面布置尽量通用。分配房间的关键出发点，是努力把尽可能多公务部门安置在这座新建筑中。它们此前绝大部分都是临时安置的，而部分地只是在大楼开工后才设立的。"ZdBv67(1907.8.17)第446页。

④所有数据均据：ZdBv67(1907.8.17)第444页。阁楼间和楼上第二层用途不详。

⑤这种技术("美国系统")已由建筑师Heinrich Becker在上海建华俄道胜银行时(1899~1902)使用过。参见华纳书第108页。在德国，这种技术从1902年起才逐渐使用。参见Johannes Cramer和Nils Gutschow书《建筑展览：一部20世纪的建筑艺术史》第11页，斯图加特、柏林、科隆、美茵茨1984年版。

⑥对此和在南窝岛上所采花岗石石块的运输和加工问题，以及高价进口合适建材，如用于屋架的美国松木和用于内装修的柚木等，请见《青岛新报》1906年4月11日刊第2页。

图4-6 总督府办公大楼南向视图(1910)

司都参与其中。

半地下室除酒窖、住房和档案室外，在主翼西部还设有总督府出纳处，与之对称的东侧是收发室。这两个区域通过单独入口对公众开放，这些入口可通过角亭子厅东、西侧楼梯到达。其他入口位于北端亭子厅两侧。核心建筑区有一中心楼梯，内院各楼角的两个楼梯间，都可通到底层。核心建筑区内有暖气设施。

从核心建筑一层中央大厅两侧有走廊通往各办公室。中翼西侧为一般行政部门房间，东翼是建筑管理局部分部门。东侧翼是机要秘书室；西侧翼是中国事务专员办公部门，这些办公室通过北端亭子厅一独立入口进入[①]。大楼二层考虑摆放一豪华钢琴，要求房间有特别高度。核心建筑中心位置有大会议室，面积100平方米，并延伸到其上楼层。主翼西边与军需部各房间相接；西侧翼为胶澳图书馆[②]。会议厅东边沿副官和海军司令部参谋长办公室走廊，一直通到设置于角厅间的总督办公室和东侧翼相关办公部门。第三层层高低得多，从立面看更像夹层，未见楼层图纸，该处定为各城建局(工部局)的房间和李村水厂建设办公室。屋顶下房间可能用作储藏间。所有翼楼和亭子厅都有独立复折屋顶，核心建筑和亭子厅以上直到弯曲处屋顶非常陡峭；其上的屋顶面保持低矮，以致观察者很难看到它。各翼上方的复折屋顶面比较平均。

整个建筑石材表面，只有最上面三层面向庭院侧面石灰砂浆抹面[③]。南立面是办公楼核心部分，被精心设计成对称结构；它是

①很显然该处后来因有单独入口成为胶澳图书馆所在。参见《青岛新报》1906年4月11日刊第2页。

②实际上这里也许就是建管局的房间。参见《青岛新报》1906年4月11日刊第2页。

③起初原定院正面镶花岗石面，但也许因费用高而放弃。参见ZdBv第446页。

图4-7 总督府办公楼，西南向视图，初建时的钢架结构(1905)

促成建筑纪念碑效果的最重要元素。外墙下部毛石墙裙，上部完全由平行大方石块构成，其粗糙表面，深凹的窗户，给人以厚重坚固的印象。一条接有楼梯的坡道通向中央入口。入口拱门上方有五扇狭窄高窗，为总督府参议会的会议室采光，其顶部格镶装饰，窗台下方整体装饰处理。这些窗户已在楼上第二层高度，今被一块铭文板覆盖。上端是贯穿整个建筑的檐口，与侧亭子厅一样，屋顶设有护栏，每个转角檐口处都有一小三角山墙。进入建筑内部，先是一个前厅，内衬毛石，有半圆拱拱廊，拱墩高度较低。经过一个稍窄通道，上五个台阶才是正式入口大厅。核心建筑直到二层都镶有花岗石，以同样厚度平行排布。建筑物向顶部收缩的塔形结构和最后陡峭高大的复折屋顶强化了入口堡垒式建筑的效果，显得巨大、封闭，使人联想到城堡入口。

入口两侧接有一个两层、五跨巨柱外廊，它们将核心建筑与侧翼亭子厅连接起来。外廊只为其后房间遮阳。外廊第一次作为一种花费颇奢彰显身份的装饰出现。由于房间高度增加，二楼外廊更高、更开阔，采用细金属栏杆，外廊开口更大。外廊后走廊上方为筒拱，可由此进入房间。

外廊跨间巨柱式壁柱，其柱础只有轻微轮廓可以识别，立在一层护栏基础上，细长的柱头，横跨一个石阶高度，是统一简化的爱奥尼亚柱头几何变体，有块状造型螺旋饰，由波浪纹连接。

隔离巨柱的主横线脚之上，有二层楼的小型排窗，有三个近似方形窗户，窗框精细加工成型，与下面两层相比，显得相

当封闭。

立面两端的侧亭子厅，尽管有通常的外廊走廊，包括塔式向上收缩锥形屋顶和隔离线脚以上两个小三角山花在内，还是采用了核心建筑结构。

总督府东、西立面封闭，没有外廊。这两个立面很大程度上采用了无核心建筑南立面结构；两端亭子厅各有四开间中翼立于两侧 (图4-8)。

除了北端亭子完全石砌(包括面向内院的侧面)，其他所有内院立面都分层抹灰，这种分层抹灰，并如窗形一样，是为了与其他立面造型协调 (图4-9)。

办公大楼作为殖民政府最重要的建筑代表，在平面上借鉴了宫殿建筑做法。在统一和具有示意图式的房间布局中，各办公室位置通常根据工作人员地位和职务而定。此外，还有气候影响：更突出的、“重要的”房间，即供上级行政部门或总督本人使用的房间，和秘书公寓一样，按照原规划位于建筑东侧，可以更好避免阳光直射。建筑内部结构相当简单，甚至没有一个代表性的入口大厅，与外部精心设计形成鲜明对比。毛石基座，上层烧毛石面，石材平整，通过相同石材的不同处理，在基座和上层区域间形成对比。敦实的体量让整座建筑异常坚固和厚重。入口区强化纪念性，其压低的半圆拱、光线不足的前厅和塔门式建筑体，似乎更多受莱比锡大会战纪念碑启发，并非行政建筑通常的入口处理，它与侧面的亭子厅对比鲜明，后者也是塔门式，但形式上更柔和，也与明亮、宽松的廊道形成对比。这些都被有意识理解为独立的造型标志；相比之下，气候意义则无足轻重。与入口处和侧面亭子厅的强化形式相比，它们给建筑带来了抽象的异国情调。三层一排窗户和高度一致的屋檐板抵消了开放式外廊的轻盈感；屋顶形式敦实平展，使整个建筑形成水平张力。另外，有意识弃用塔楼、圆顶或高大装饰性山墙等垂直设计元素。这样一来，建筑物的纪念性，通过所有使用的个体形式相互对比来呈现，是设计的主导思路①。该思路以一种简洁性得以实现，其对权力的表达如此明确无误，以致没有必要为其专门添加德意志或帝国徽章来标识德国的存在。

①对这种现象可参见Richard Hamann的阐述；Jost Hernand所著《1900年左右的风格艺术》，1967年柏林出版，第400~403页。

图4-8 总督府办公楼南向视图(1907)

图4-9 原总督府办公楼南向视图(2016)

(5)小结

原则上，从1905～1910年间德国在租借地建成的所有行政建筑中，可以预见到未来城市的大幅扩张：首先，总督府办公大楼以其规模和堡垒般效果，丝毫不会让人认为这是一座小城市的市政厅，而预示着城市的强劲发展和其重要性。建筑物的毛石(粗糙的粗面石工件)体和雄伟宽阔的布局表达出统治的威严与力量；与德国本土同一时期建造的许多市政厅相比，它没有建造一个高耸塔楼。这一点在与警察局大楼的比较中可以看到，而在德国小城市中这些建筑无疑都建有塔楼。这栋建筑只是移植了当时德国的一种建筑类型，不及总督府威严。尽管在现存的当年行政建筑中并不明显，但在屠宰场整体布局中仍可发现上述规模过大的问题。这里也显示出建造一座超出必要尺度建筑的需求，在风格和材料选择上完全可与美观的商业建筑媲美。与不久前才建成的日耳曼尼亚啤酒厂行政大楼比较，可以清楚看到该建筑的突出造型特点。

因此，虽然1905～1910年期间建造的行政大楼各自在外观上并不一致，但从未有不显眼或不加装饰的情况。最具代表性的建筑是总督府；其造型设计反映了整个租借地的体面需求。这座建筑有意识不追求高度，而是敦实平铺布置，通过堡垒式建筑形式宣示德国的统治地位，这无疑是该租借地最重要和最具表现力的建筑。正如之前在私人住宅和商业建筑中看到的那样，外廊立面在这里也是一种表现气派的元素，有一部分外廊不能进入，主要是为了建筑效果。

2. **公务住房**

(1)总督官邸(1905年10月~1907年10月)

该建筑保存非常好，只是出于使用目的对内部进行了小规模改建，现用作迎宾馆[①](图4-10)。

总督官邸是租借地除总督府办公大楼外最重要的代表性建筑。为建造总督官邸，城建局专门成立了一个独立下属部门，以最终替代今汇泉湾不无争议的总督临时住房，在世纪之交就已“详细考虑”[②]了拟建总督官邸的地点、规模和成本。

这座建筑要满足各种要求：必须有用于大型社交活动的豪华接待空间[3]，包括为此必要的饮食供应设施；还要有供总督一家生活的私人空间。因此，它不是一种纯私用的公务住房，而是一座富丽堂皇的官邸。

早在1905年前，胶澳总督府就已在青岛决定，在信号山南坡开建总督官邸[4]。其位置在城区边上，只是稍微融入了欧人区。该建筑位于市中心一侧高处显要位置，周围无任何其他开发项目。尽管与城市相距甚远，但它(特别从海上看)仍构成凌驾建筑群的一座“皇冠”：总督高居城市和租借地之上的建筑中，就其位置而言，让人想起郊外的古典别墅，但也近似一座城堡。这种城建美学，是在信号山建设官邸的一个重要缘由。

帝国海军部决定拨款45万马克修造该建筑；它将规划工作交给青岛的城建局。代理总督[5]在确认预算充足且建筑工程最多需两年时间后，1905年3月13日下达在青岛开工的第一道命令。此时，该建筑已完成大部分设计[6]，整体规划被分配给城建局结构工程部技术秘书维尔纳·拉察洛维茨(Werner Lazarowicz)[7]，待1905年6月17日帝国海军

---

①1999年5月已改为“青岛德国总督楼旧址博物馆”。——编者注

②BAMA RM3 6995 29。

③少数高层社交圈的聚会，如参议会会议、工作协商等，则在总督府内备有场所。

④事先供参考的选择方案还有位于今汇泉湾畔总督临时官邸处的工地。虽然围绕总督临时官邸偏安市中心别墅区会发展为租借地的社会活动中心，但对整个租借地不具有代表性，而且别墅区建房进度迟缓。很可能由于此时总督都沛禄正在国内度假，代理总督师孟根据帝国海军部1905年4月17日的命令，指示征求总督官邸选址的意见，并不加评注呈报帝国海军部。参见BAMA RM3 6992 1(AⅢ 1058)。这是1905年6月6日做的；师孟向五名有声望的青岛德国公民征求了意见，包括单维廉在内，他们都表示将总督官邸建在信号山为宜。参见BAMA RM 3 6992 4-16。此时，已着手设计将这座建筑建在信号山，而征集意见证明不过是事后确认而已。总督个人意见在规划阶段各时期都发生了变化。在占领的最初几年，与人数尚少的欧人居民接触相当多。招待会只要在这个临时小官邸中，可能经常举行，而且肯定大部分老百姓都可参加。首先会邀请部分当地媒体和官员。随着居民人数增加和租借地重要性日增，总督私人结识范围逐渐成为一种特别惠顾。在1907年迁入新官邸后，已不再可能不受邀请便可踏入至官邸的通道。只有允许的正式拜访者，或得到临时许可方可经由标有“私人道路”……总督官邸完全是私人的。贝麦、克里格1910年英文版书第53页。这种情势在选择工地时已考虑到了，信号山的独立位置无疑对这一决定有关键性影响。

⑤参见BAMA RM3 6995 29。

⑥此项目不曾公开投标。而驻军建筑顾问艾斯纳(Eißner)和政府建筑工程师(总督府的建筑师)马尔克也彼此独立完成了总督官邸初步设计，但并未保存下来。参见BAMA RM3 6992 13~16。

⑦维尔纳·拉察洛维茨(1873~1926)早在世纪之交前便已到达青岛。1901年3月他在这里通过了考试，成为政府建筑工程师格罗姆施、波恩(Born)和伯尔纳茨(Bernatz)属下工程秘书。参见DAW15(1901.3.3)，第1页。1914年后他迁居北京，在该处负责拉察洛维茨公司(建德公司)，担任建筑工程师。参见《东亚德国人通讯簿》，1927年上海版，第192页。

图4-10 胶澳总督官邸南西、北向视图(1914)

部最终批准后，他开始监督施工①。除了受冬季气候影响和中国春节停工外，整个施工没有中断。然而，该建筑未能如期完工；直到1907年9月15日才移交驻军管理部门②。1907年10月初总督迁入新官邸③。

根据现存楼层平面图可追溯④这栋四层别墅⑤最初的确切空间用途。地下室里设有许多勤杂业务用房、储藏室和供应室。除了旁边官邸管家的房间外，地下室任何其他房间都不与外部直接连通。管家房间经前厅直通户外，并通过一个带楼梯

①参见总督府工作报告BAMA RM3 6754~BAMA RM3 6762。

②参见BAMA RM3 6760 37。

③参见都沛禄的来宾题词纪念册，BAMA N 224-10(都沛禄遗物)。

④施特拉塞本人将该建筑称为乡村别墅。参见BAMA RM3 6995 32。

⑤现存全部楼层立面图、用地图(总图)、平面图和细部图，均在卷宗BAMA RM3 6992附录中。如从编号中可看出的，许多图纸并未归档。是否这些图纸当时呈交帝国海军相应部门尚不清楚。就这些图纸必须指出，这些平面图非常详细，然而标题处理却有点马虎。另外，还发现几处设计人员的差错，这很可能与急于完成设计有关。为各楼层详细提出了地板铺层事项和布置家具的建议。

走廊与一层吸烟室和游戏室相连[①]。位于建筑西南角的台球室供总督使用。

建筑一层用于公务应酬，房间较大。主入口[②]位于建筑西侧，配有门房。之后是一个大厅作前庭用，由此可达北面的衣帽间和卫生间。向东，有一过道通往挑高两层的门厅，主楼梯通往二楼私人房间。东面是阳光房，音乐厅范围和相关空间使阳光房成为社交和接待场所。容纳大钢琴房间的面积已从大接待室中扣除[③]。总的来说，从入口向东形成一条通向东边的视觉通廊，南边是小接待室，北边是大厅和相关附属房间。在北面，就在厨房正上方是官邸最大的房间宴会厅，供大型社交活动使用，可在上层大厅乐池中演奏助兴。毗邻它的西面是配膳室，位于地窖正上方，并通过一个楼梯与之相连。宴会厅以南有三个小房间：在通往门厅和阳光房的两个通道间另有一个房间，与宴会厅直接相连，没有门。比宴会厅高一个台阶，根据铭文，可理解为一个“舞台”或雅座。据推测，这是一个临时方案；该空间的必要性值得怀疑，而且与上面的乐池没有联系。在建筑南部，有供小型社交和招待会使用的房间，每个房间前面各有一分别向东、向西和向南的外廊。最大的外廊朝南；前面有一个露台。可从大厅经前厅(图书馆)到达位于建筑西南角的总督办公室。东边是吸烟室和游戏室，通过楼梯与底层台球室相连。与此相邻的是面积大致相同的小接待室，与门厅和大接待室直接相连。大接待室因有附属阳光房，不那么方正，面积只比小型接待室略大。房子东南角有一闺房(内室)，建在一个塔状凸出部分基础上。

官邸接待室数量和大小远超私人别墅。应酬用房空间宽敞，氛围很好。除东、西视廊外，由于部分房间蜿蜒排列和插入连接房间，平面复杂。这种楼层平面布置主要在北边部——类似正面，但并不立即展示于参观者前。这种代价很高的设计案例，意味着一个经过长期发展的结构，有时通过扩建不利房间或添加附属建筑形成。在建筑南部边缘，房间安排更简单；那里有更小型和私密的接待室[④]。

楼上安排总督一家的私人房间，可以经门厅的楼梯从楼底层到达楼上的过道。在东南边，楼下接待室上方是客厅，接着客厅的是位于前述塔式突出建筑物上的内阳台。客厅西边是“闺房”，其后向西是同样大小的餐厅。建筑西南角是总督夫妇卧室，包括一个更衣室、卧室、餐厅，闺房和客厅通过各自的门与南向外廊相连。向北靠着更衣室有一衣柜间，其地面稍低一点，装有一小的五级台阶。因为所有其他的卧室，即孩子们和客人的，都在阁楼层，所以把这个空间作为卧室用大概不可能。较低的位置使这个空间似土牢一般。其东边的楼梯间通往各楼层。

上层房间布局，由于平面扩大，让人联想到一个有较高要求的私人住宅，符合世纪之交上层中产阶级的生活习惯。各房间排列成行，可通过门厅周围走廊到达。由于存在承重墙，上层可用房间大小基于下层房间布局。由于这些房间位于建筑南半部相对较小的房间之上，所以考虑了楼上与楼下功能上的联系，例如，乐池和乐器室，在功能上与楼下的大厅直接相关。

这层门厅的西部，从北到南分别是一个具体用途不明的房间，一个浴室，一个盥洗室，另一个浴室和一个在建筑西南角有独立阁楼的房间。厕所、浴室和房间从一

---

①在1905年9月对地下室平面图的较大修订中还为内部设备加了其他数据说明：这份平面图规定有四种不同地板铺层：总督用台球室和通往该处的走廊中铺棒式地板(加有补注“德国柞木”)。为官邸工作人员房间、(放置)亚麻布和银器的贮藏室规定用美国红松板(俄勒冈松)制地板。考虑到卫生厨房和潮湿房间及通往台球室的前厅计划用Mettlacher瓷砖。其余房间均用抹有水泥光滑面的混凝土地板(无缝地板)。

②原先设计为入口加一从下面通行的道，很可能由于经费原因未实施。在剖面图上有相应说明。

③而都沛禄也反对说：“大接待室必须去掉柱子……这间仅有的稍稍大一点的房间不能人为缩小。”经温室通往大厅的通道和接待室眺望大厅要尽可能保持畅通。因此，厢房应置于温室角上。参见BAMA RM3 6992 176。

④1905年9月完成的底层平面布置图上，部分还列有家具或补充有数量；而且这里也载有要使用的地板铺层一览表。外廊和温室规定使用Mettlacher瓷砖，门厅和前厅应使用白色大理石。今天看到的是使用了黑白大理石铺层；也许这是代替当年规定而铺的。大接待室、闺房和厢房挑楼用德国柞木和简单镶边小木条地板。大厅中两个过道房间、看台、吸烟兼用餐室、门厅和办公室铺德国柞木地板。小接待室则使用槭木地板，前室地板用柚木。所有其他非应酬用房间，都铺漆布。材料选择就已表明了意图，之所以在重要应酬房间选用德国柞木而非当地或其他便宜木材，是因其用于地板铺层具有象征性。在各楼层设计图中列出的家具只供可能的选择。家具购置至少部分是总督都沛禄个人负责；拟在德国购置家具的方针不包括风格，只涉及家具性能。一份“用于应酬房间家具配备”的计划(1905年)11月14日寄往柏林给都沛禄。参见BAMA RM3 6992-75。这份计划供当时在德国度假的总督都沛禄审查，它基本上与各楼层设计图中所列家具配置吻合：都沛禄应挑选和订购各应酬房间、浴室和洗手间的家具，楼上二层各房间壁炉、画、厨房设施、可洗涤衣物和装备，其他所有家具将在青岛购置。拟在德国订购各种东西的最高金额，包括包装和运费在45000马克左右。参见同上案卷。为购置这些家具，师孟表示：“在交给家具制造商的指示中必须考虑到，贴面家具在这里不耐久，必须用实木的。应避免图纸上标的曲线和碎角，柜子等无支脚，直接立于地板上；由于易弯曲，排除了将榉木用于后壁和看不到的次要部分，框子必须允许有嵌板小间隙。要尽可能避免使用天鹅绒套和长毛绒套。”同上，师孟并未说明对家具风格或功能结构方面的要求，只是指出尽可能实用的造型，在这一点上已考虑到各种气候条件。

个连接大厅的房间进入。从门厅出来，有一条走廊向东，走廊南面有两个房间，可通向建筑南面外廊。位于建筑物东南角的房间和浴室可从走廊上的一个房间到达。到目前为止，这一层楼所描述的房间，虽未详细明确其用途，但都作为卧室使用，供孩子使用和接待客人。它们都位于气候较好的一侧。建筑东北部包含一些勤杂房间：烘干室、缝纫房、熨烫间、女管家房间和一间仆人下房。这些房间通过走廊与门厅相连。门厅处小楼梯间连接一间小房间，专供“打扫厕所的仆人”使用。

北侧楼梯连接阁楼，阁楼上有些无特殊用途的私人房间及杂物间。

总督别墅设计重点是对四个不同立面的造型处理，把建筑各部分组合成一个美丽如画的整体；任一立面都看不出有严格的建筑红线。不同的处理要确保从城市任一角度眺望都能看到它(一个完整视点)。主入口位于建筑西部，取代了最初计划的地下通道。从欧人区核心区在一定距离内可以看到那里的外观。南侧紧邻山坡，山坡下是一个位于老衙门东面向公众开放的花园(图4-11)。从不远处的俾斯麦军营可以看到别墅东侧。然而，别墅建造时位于城区外；因此，东侧相对南侧尤其是西侧意义不那么重要。从北面，可从信号山俯视该建筑；不过，信号山作为军事禁区，一般情况下不允许进入。

建筑西侧宽约26米。基座由不同大小粗糙敦实的毛石砌筑，一直延伸到一层外廊护栏位置高度，包围整个建筑，仅在入口处中断。入口处稍凸出——向北倒圆——顶部被一造型丰富的山墙封住。北面与之相邻的建筑部分退后，其基座较低，上层为平行半木结构。其上屋面覆盖蓝绿色琉璃瓦片。入口以南一层和二层外廊上有窄窗，部分方形窗，部分则是稍长的楼梯间窗。楼西南角隐约呈塔楼式缩小，冠以细节处理丰富的山墙，塔墩式毛石结构，粗凿石屋梁构架。其上凸起一角锥顶(金字塔式)。向北，大厅结构自建筑实体伸出；不过由于它后移很远，不再构成西立面的组成部分。

建筑南侧延伸几乎超过35米，它的西半部延续了西立面形式。塔墩在屋顶区域显示出与向西的造型一致，其前饰有一面山墙高度达到屋面梁。立面中间，一层和二层依旧是外廊占主导，立面长超14米，即几乎是西侧外廊的两倍长。南侧东部三分之一

图4-11 总督官邸南向视图

处因有一单独屋顶，所以作为与西侧塔楼相对应的布局来独立设计。其前在东南角有一多边形角塔楼，未超出屋檐线高度，看上去更像一扇落地凸窗。

东立面宽约30米，其东南角有一多边形阁楼式角塔楼，通过旁边一层外廊和其上阳台被收拢到建筑立面内。阳光房并没有凸出于立面结构，不过其位置被后面房屋外墙划分，显得更突出。阳光房玻璃和钢结构位于不同尺寸花岗岩角隅石之间，这些鼓状石上端有圆柱形装饰。角部支撑是纯粹装饰。向北，东立面结束于伸出的大厅结构。大厅虽与建筑群相对独立，却与建筑东立面融为一体。

建筑北侧是厨房和仆人入口，装饰很少；建筑各部分(东边的大厅结构、西边的底层衣帽间和中间的楼梯)根据其用途组合到一起，没有形成一个统一的代表性立面。北立面上的单一建筑要素分组处理，虽然少有美感，但更多出于实用考虑安排房间位置。

与当时在青岛建造的其他建筑相比，总督官邸立面造型更丰富，石材加工和表面处理更细致。表明对石材不同大小和表面不同质感的处理方式，有了更广泛的使用可能。毛石与抹灰面构成对比，也有别于细加工石头。例如，通过使用不同大小的毛石，弱化基座分层。不同大小单块方石也被整合入抹灰表面。

在西、南和东面，在一层和二层间有棋盘状排列毛石件，用双色小块石头(石头本色和深绿色)拼成。

各种粗凿石头也用作窗框，部分窗楣和窗台也用单块石料加工而成。在南侧和东侧屋顶边缘下，屋面梁形式的粗面石工件，同样也是双色结构。

粗犷的浮雕装饰和部分用作门、窗框的大方石块，主要集中在北侧，由于使用了相同材料和采取相似加工，极似基座的粗面石工。

将花岗石块精细加工成多种多样应用形式，不仅表达了详细的造型意愿，而且还展示了当时青岛工匠的工艺水平，从而赋予毛石工件以内在价值。

整座建筑没有出现连续水平线脚。局部水平线脚并非根据技术需求，而是自由安置在外墙上，装饰个别建筑元素，并未遵循固定模式普遍划分。水平线脚高度变化与楼层界限无关。它们部分是由一层或多层毛面方石组成；此外，还使用了两种不同线脚轮廓，抛光横线脚和粗糙的毛面方石间对比形成一种动态反差。就效果而言，表现力不及毛石的原始粗犷美。

山墙作为彰显身份地位的图案出现在建筑各立面，其设计受到特别关注。在差异化设计中，由于采用常见的毛石形式，为富有想象力的装饰设计提供了空间，其中还包括建筑雕塑。通过各种材料、形式和构图实现其效果。最精心的设计见于西侧主入口上方山墙。两边毛石框住山墙，并在其顶部围起一旋钮状表面，上面有一波浪图案。山墙下三分之一被一条石链隔开，链子连在左边木桩上，右端垂下。中间链呈弧形包着一着色毛石，从该处起放射形排列的其他石料充满山墙面。山墙左下角木桩下面绘有绳纹，从山墙边缘石展开出来，向北末端呈一个海怪，让人联想到维京人的船头造型。这艘船好似在其下方大海波涛上航行。对面只有一条绳纹。这里描述的北欧航海象征，旨在以充满力量、具有威胁性的元素来展示殖民国家的海上强权地位：那只巨兽已挣脱束缚，向相反方向游去。该主题考虑了基本的时代潮流，显示出能征善战和强大实力。它不会表述得更具体，只是传递出一个雄心壮志的信号，致力于“日耳曼化”(德国化)。[①] 与此相对，其作为纯装饰元素无进一步明确表述的功能，可视为至少具有同等价值。这在一定程度上与各立面使用毛石一致，故而表现为该建筑设计的一个基本造型原则，即用装饰性但几乎无历史来源的图案，尽可能对建筑进行充满想象且生动丰满的方式装饰。此外，没有发现其他象征国家尊严的标志。

建筑窗户形状和大小各不相同，但可以看出一个基本形式准则，即各种形式重复出现。几乎所有窗户都垂直划分或紧密排列。窗户形式，连同石墙，都是各立面一个基本设计元素。直接位于各外立面的窗户，比面对外廊的窗户设计更富想象力。西侧有一排由独立石柱间隔的窗户。入口处山墙下的窗户，位于立面最突出位置，被分为三个部分，并按照帕拉提奥式窗建造，加工粗糙且有了新解释：窗户被笨重的柱身分开，窗楣和柱基由细长毛石构成。作为建筑主题的帕拉提奥拱窗装饰效果被过分粗糙的加工工艺弱化。因此，经过修改的、准现代的自由引用，仅以暗示方式关联历史原型；粗花岗岩装饰效果和使用引起了普遍重视。

西侧立面一层外廊圆拱形式与传统拱形窗一致。上层外廊华丽得多。三对带橡树叶柱头的柱子，支撑两个拱门，靠近边缘处，有一独石凿的石砌层。从外面看，外廊就像一个庄严的柱廊。南侧外廊造型设计与西侧相呼应。

从信号山看总督官邸，可以看到一个纷繁的屋顶景观。除了四坡主屋顶外，大多数从主体凸出的建筑部分都有各自的屋顶，被精心设计成各种形式，覆有红色瓦片，极少数则覆有绿顶瓦。不同屋顶形状的使用考虑了组合美感。而在屋顶景观设计上，

---

①有关世纪之交的“日耳曼化潮流”见“Jost Hermand：*Germania Germanicissima*。1900年前后的前法西斯雅利安人崇拜。”载1972年法兰克福出版《美好生活之光》第39~54页。也见Janos Frécot“费尔丹地同盟”，载Burkhard Bergius, Janos Frécot和Dieter Radicke编《建筑学艺术、城市和政策》一书，吉森1979年出版，第37~46页，此处为第40页。

与外墙处理类似，可以看到追求尽可能富于变幻造型的设计愿景。

建筑西南角屋顶上有球状装饰的金字塔式屋顶错落有致，让人联想到中式塔刹；然而，类似主题也可在德国同时代别墅中找到，与中国并无关联。西边(原文此处是“东边”，疑误——译注)的中式弧形小挑棚是唯一明显采用“中式”的部位。有趣的是，1905年7月的设计中并未出现该顶篷；因此，它只与细部设计有关，这些设计是在建筑施工期间才完成的。如果设计一座位于中国的代表性建筑时能整合各种中式主题，就能更有效进行设计。这里显然并没有尝试这样做。相反，中式屋顶相对设置等级划分上属于从属的一侧，并不显眼，从城市中很难看到。因此，它仅被看作一个次要装饰元素，而非有意义的载体。

总之，这座别墅通过建筑艺术上通俗易懂的独特效果来表现自身。“这座十分显眼的建筑，是一种威严与力量的结合体……从其整体上看是一幅德国建筑艺术的画卷。”[①]总督别墅基本造型原则就是景色如画。

在建筑组合、立面造型和平面布置中，我们看到的是不确定的组合构成。再加上丰富的形式，成就了建筑的独特造型。装饰主题的任意性也表现在平面改动中，因为在西面和南面外墙上，可以看到实施版本与原设计相比，仅仅增加了装饰；实施方案更生动，更丰富，但原则上并没有不同的结构。

外部造型许多细节只有站在建筑正前方观察才能看到。从城区眺望，浮夸的、复杂的外墙整体布局的细节只能靠猜测。无论立面布局和精细处理的毛石都迫使观众更仔细观察，不过，这种俏皮设计仅仅是自得其乐，而不是为了体现任何“更高意义”。

不同造型毛石的布局，其主题“氛围元素”[②]部分来自自由创造，部分源自历史，都使这座建筑会存留更长久。特别在基座区域，毛石有时会给人一种将废墟纳入新建房屋的印象。取自要塞建筑的防卫性装饰主题，以一种相对克制和讨喜的方式应用于别墅，这一点以及花岗岩的材料特征，透露出建筑的统治地位，加之其在信号山上的位置，暗示了该建筑具有的“城堡式特征”[③]。

如此优雅的环境营造为的是刻意模糊历史背景，传达一个普遍适用的历史参照，但这一点表述并不清晰。

前已述及外墙造型设计中工艺多样性的展示。尽管在德国国内也可看到此类情况[④]，但因为必要的技术工人奇缺，在青岛有着特殊意义，而部分保存下来的内部装饰也有类似价值[⑤]。

赏心悦目的背景通过其类似城堡或宫殿的设计揭示了其总督官邸的功能，尽管明确的权力标志或殖民统治象征已被避免为单一形式[⑥]。它给观众留下印象更多的是其绚丽多变的阐述和如画的田园效果。在这种"俏皮"构图中，即使完全相反的元素也被带到彼此间的关系中；材料设计元素对创造这种童话般俏皮田园的贡献，就像对废墟的浪漫主义映射一样：这就是建筑的本真性。在这里，尽管只有一丝痕迹，我们还是可以发现对封建统治的追忆。这与临时管理租借地命运的总督官邸不再有任何关系，或许与当事人都沛禄总督可能的自我理解有关。

①贝麦、克里格《青岛及周边导游手册》(英文版)(1910)，第54页。

②Harald Olbrich(编者)《1890～1918年的德国艺术史》，1988年莱比锡出版，第305页。

③这种印象从今江苏路以东居住区看更强烈，这些区自然是1914年后才开辟的。尽管如此，看起来却并未直接参照防卫形式，呈现所谓城堡别墅的总体造型。参见Andreas Ley文章"城堡式别墅"，1981年慕尼黑出版，第13～23页。

④青岛直接与之相联系的手工业传统例如石头加工，在德国由于对个别装饰形式的需求而再度繁荣。这一点"本身导致老式手工业技术的回归。"Nikolaus Persner"建筑艺术和应用艺术"，载Jean Casson等编《20世纪的突破。世纪之交的艺术和文化》1962年慕尼黑出版，第229～260页，此处为第146页。

⑤Behme/krieger书1910年版第54页写道："这座官邸内部布置无懈可击，以极佳的效果表现了德国的手工技艺。"与此相反，建筑师Heinrich Schubart(他在迁入后负责这座建筑的维修)则对整座楼连同其内部设施评价负面："我们围着信号山(…)走过，在这座山脚下看到一座畸形的现代建筑，一座混合有国际建筑风格怪诞乱七八糟的东西，这就是9月底迁入的总督官邸。在这个吹捧炫耀建成的大箱子中家具悄悄凑到一起，这个箱子很糟糕地与一位皇家总督的体面相结合。"这是建筑师Heinrich Schubart在1907年拍摄照片2a背面手写的一句话。该照片现存其儿子亨利•舒备德博士手上，他很友好地将其父亲的资料供笔者使用。

⑥在建筑期间完成的立面造型详图过程中放弃了在楼东侧装一帝国鹰徽形式浮雕。

图4-12 总督府中学校南向视图(1910)

3. 学校建筑

第二所总督府学校(1906/1907)

这座建筑现由海军使用，并做了重大改扩建，原立面造型已不复存在(图4-12)。

1901年就已考虑将总督府学校扩建为一所实科中学或相应的普通中学："这无论是从租借地的发展利益还是从促进德国在东亚的事业和教育考虑，都应力求做到。"[①]因此，该学校在1906至1907年间按政府建筑工程师布莱希(Blaich)和施特拉塞设计建成[②]。作为1901年开办的第一所总督府学校的补充，位于今江苏路以东广西路以北，计划招收12个班，280名非中国籍学生[③]；男女同班上课[④]。"在教堂(指江苏路基督教堂——译注)建成后，从前的总督府小教堂被其用作体操

①1902年度《胶澳发展备忘录》第24页。

②参见《德文新报》(DOAL)46(1910.11.19)第492页。

③参见1908年度《胶澳发展备忘录》第67页。建设一座私人学生公寓用来安置父母居住在东亚其他国家的孩子。

④参见麦维德文第336页。

馆。”[1]1908年建成的辅助建筑被用来安置中国勤杂人员[2]。

这座建筑是按世纪之交学校建筑的流行模式建造的：东西向各有一翼接在近似正方形的中心建筑上。这种严格对称的平面布局源于同时期德国所建的双排制学校建筑：房间南北向配置，可通过中间走廊进入[3]。半地下室有理化实验室、多用途劳作室、校工宿舍、暖气和通风设施以及洗手间[4]，其上为一层。有走廊从入口大厅通各教室、带有仪器和准备间的物理室、校长办公室和一会议室。二层，入口大厅上方是礼堂，其后靠北有绘画室。两翼都是教室，与一层布局相同。复折屋顶内设有其他可用房间。尤其要指出，此学校内房间高大且通风良好，符合严格的建筑卫生要求[5]。考虑气候原因，北侧装有双窗，南侧装有卷帘式百叶窗，与德国常见模式相同。

虽然将该建筑描述为“保持了简单形式”[6]，但其南立面造型，由于大量使用毛石，颇为奢侈。整个基座以不同大小花岗岩方石错层砌筑，类似总督官邸基座处理，中间凸出部分，山墙中部设入口大门，山墙至檐口按同样模式砌筑毛石。一层和二层，南侧全是同样造型成对窗户，只在山墙上设一毛石装饰拱三联窗，作为特别装饰主题。所有窗户毛石窗框。一、二层间以粗加工阶梯式隔离线脚隔开。

中部檐口以上三角山墙，上端呈阶梯状，向下渐渐变成一有角的涡旋形状。抹灰山墙面有一石凿鹰徽，与青岛其他公有建筑相比，将鹰徽用于一座学校建筑十分不协调。在许多重要代表性建筑如总督官邸或总督府上，都没有这种标志表示国家尊严。

这是一座按德国理念建造的学校建筑，平面布置标准化，没有看到明确针对青岛气候情况的应对措施。反倒是不寻常地采用了代价很高的毛石，近似总督府的情况。大量使用毛石，不能仅归因于青岛廉价的材料开采和加工，也是建筑需求的体现。这些毛面方石并非随意而为自由砌装，尽管它有不同层宽，但都遵循一个划分体系，并通过其与建筑中心对称强化配置，赋予建筑一种具有防卫性质的形象。

4. 军事建筑

(1)俾斯麦兵营的两座士兵营房(1904～1909)

俾斯麦兵营于1904～1909年间扩建了另两座居住营房、一座官员住宅和几座大部分已不复存在的后勤营房[7]。两座居住营房和官员住宅外观仍保存完好，如今它们与此前建成的俾斯麦兵营建筑，都是中国海洋大学的一部分(图4-13)。

第三座楼房约1904年建成[8]，1905年入住[9]。1907年开建的第四座士兵楼[10]，1909年春完工并入住[11]。这两座建筑体量与第一批的两座老营房相仿；不过核心建筑有三层。相对前两座士兵楼，变动主要表现在房间分配上：中央过道通达各房间，房间位于建筑北部和南部。相应的窗户排列改变了，建筑南边未增加外廊。装饰更简单：核心建筑上的山墙区不像前两座士兵楼那样采用哥特式设计元素，只在山墙轮廓上稍做阶梯状处理。除了简单的水平划分外，没有进一步的内部结构划分。所有侧亭子厅(原文是*Seitenpavillon*，意为核心建筑两边的亭子式建筑) 的山墙从侧面看都是直的，只在底部和顶部呈阶梯状。完全未采用常见的连续水平线脚；侧亭子厅南立面在下层区域用分层抹灰覆盖，一直抹到上层窗台以下位置的高度。

因此，第三和第四栋士兵楼是前几座装饰丰富建筑的简化版，但基本遵循兵营建筑的既定方案[12]。估计主要是经费原因所致。这一点在山墙与水平线脚，南立面花岗石加工上都看得出来，用灰浆面代替了昂贵的天然石面。为这两栋建筑从气候考虑设置外廊显然成本太高，所以放弃。不过空间利用也因此更有效。

在第三组营房北面有一辅助建筑，其最初用途已无法追溯。但在建这座三层建筑

---

①1908年度《胶澳发展备忘录》第67页。

②参见1909年度《胶澳发展备忘录》第57页。

③相对于这种双排制建筑——将单个教室沿大楼中心走廊排列——在世纪之交考虑卫生情况的讨论中出现有展馆制建筑，但它主要相对于医院建筑，在学校建筑中不可能实施。参见Lyon著作第588～594页。

④~⑥所有有关建筑利用情况的说明，请参见1908年度《胶澳发展备忘录》第67页。

⑦参见1909年度《胶澳发展备忘录》第57页。

⑧参见1905年度《胶澳发展备忘录》第37页。

⑨参见Kronecker著作第10页。

⑩“为安置自胶州撤回的连队，着意在毗邻俾斯麦营房处建第4座士兵营房。……对该方案进行研究。”参见1907年度《胶澳发展备忘录》第48页。

⑪参见1910年度《胶澳发展备忘录》第55页；另见Kronecker著作第10页。

⑫由于特别提到第四座士兵楼应“紧接俾斯麦营房”来建，尽管是适应对称性的，所以很有可能原先只预定有三座士兵楼。参见1907年度《胶澳发展备忘录》第48页。

图4-13 俾斯麦兵营(1914)

时也基于与第三和第四军营类似的造型设计模式；这里显然存在着规划上的联系。

(2)俾斯麦兵营官员住房(1907-1908)

在俾斯麦兵营扩建过程中，1908年初建成了这座两层官员住房[①]。它位于西部，与最初建成的两座士兵营房处于同一直线上。该建筑平面长方形，南侧扩建有一封闭外廊，与建筑等高。廊道上两个南向平拱可能从一开始就用窗户封闭起来，以便在阳光明媚的冬日也可利用其背后空间。这座建筑覆有一低矮四坡屋顶，立于毛石砌筑基座；除了四角窗框有一些不规则分布毛石和二层贯通窗台水平线脚外，整个立面抹灰(图4-14)。

这座简单住宅肯定住过几个家庭，与青岛早期的住宅建筑相比，其整体外观较朴素。门廊里的房间一年四季都可使用，该建筑合理适应了亚热带的气候特点。

(3)毛奇兵营(1905～1909)

这座兵营综合建筑群现为军队使用，并做了相应改建 (图4-15)。

毛奇兵营距日耳曼妮娅啤酒厂不远，在原有城区东北，台东镇西南，早先的米

图4-14 俾斯麦兵营职员住宅，南向视图(1995)

图4-15 毛奇兵营,西南向视图(1905～1909)

勒大街(今登州路)上，是第三海军营骑兵部队驻地。作为1905年左右可能由总督府城建局制定[②]的总体计划的一部分。1906年建成一个马厩和一个带军械修理所的打马掌车间[③]。同时，该建筑中有一座带顶棚跑马场、一间储藏室和一座后勤建筑，还有一座士兵营房正在备建，后来于1908年底完工[④]，另一座相同营房1909年完工。自1907年10月起，建筑工作由亨利•舒备德负责，同年他作为政府建筑师来到青岛，服务于

①参见1909年度《胶澳发展备忘录》第57页。

②自1907年受任这项建筑工程负责人的建筑师亨利•舒备德，为总督府城建局职员。也许他可以目睹该处制定计划的实施。参见Werner和Sigrid Schubart文"作为在中国担任建筑师的亨利•舒备德博士的生活和工作"，载DnC(新中国)4(1995)第14-15页，这里为第14页。

③参见1908年度《胶澳发展备忘录》第68页。

④参见1909年度《胶澳发展备忘录》第57页。

总督府[①]。他生于1878年，曾在汉诺威工业大学学习建筑学。1907年，作为政府建筑工程师他申请了由帝国海军部为青岛城建局招聘的职位，同年在那里就职。负责建设毛奇兵营是他在青岛完成的第一项任务[②]。这两座H形平面布置的兵营建筑，可从北面各经一凸出小入口进入，并向西南封住整个建筑。在军营侧面，两座建筑纵向伸展——可能是当年的跑马场和1908年建成的马厩，向北通往与登州路地段的连接处。营房在该处以1908年完成的警卫室为终点[③]。整个军营"有街道和广场"，1909年完工[④]。除上述建筑外，它还包括一间储藏室、后勤建筑、大炮和车辆建筑及第二个马厩。1910年，第二个打马掌车间和一个检疫马厩建成[⑤]。如今建筑群内各建筑具体位置已无法准确确定。

两座两层兵营的H形平面，并非标准化兵营建筑，而是相应于俾斯麦兵营中所应用的基本样式。然而毛奇兵营各建筑外立面全部抹灰，无任何装饰。兵营区域内所有其他建筑也一样：全部是一层或两层，毫无例外抹灰。由于所有建筑都是大型双坡屋顶或半四坡屋顶，屋顶空间异常宽阔，所以整个建筑群更像一个大型农业庄园，而非兵营。或许因位置较偏，所以在设计风格上并未考虑与前两座兵营相呼应。

(4)军官食堂(1907～1909年1月)

这座建筑外观保持很好，现归军队使用。军官食堂于1908和1909年间用驻军管理

图4-16 军官俱乐部，南向视图(1910)

图4-17 军官俱乐部，东向视图(2016)

部门资金建成，1909年1月29日交付使用[⑥]。该建筑位于青岛湾东端，用今天的话叫军官俱乐部。超出了其食堂功能，完全是第三海军营军官的俱乐部式聚会点[⑦]。大花园内还有几座网球场。这座建筑由城建局建筑师设计，也许是亨利•舒备德，他自1907年10月受任负责该工程[⑧](图4-16、图4-17)。

建筑高双层，四面有各种附加建筑，因此从北面或东面看，几乎看不出建筑本体的核心部分。从西边和南边看主立面的建筑体显得更清晰。由于强烈的组团和不同檐高，该建筑屋顶景观富于变化。没有查到建筑内部房间的信息，在南边，根据窗户形状判断，二层或许会有一间大厅。

整个建筑立面统一抹灰，没有竖线条和线脚划分，完全没有建筑装饰。相应地，各屋顶也统一覆盖。南立面前凸出一露台，由三个半圆拱门与其后大厅相连。二层半圆拱门各开间内三扇大窗竖直和水平划分。其余立面窗形相当一致：北面二层另有半圆拱窗，其余立面基本为矩形窗。在西立面上，基座区和二层各部分都有植物栅栏；该立面因有植被而颇具生气。

对每个立面做单独的设计表达了对建筑立面整体性的拒绝。该建筑的独创性集中于楼体效果上，同时放弃了建筑装饰和立面划分。然而，这里的建筑组合没那么如诗如画，而具有严谨的纪念性特点，其效果因外墙平滑的抹灰表面和统一的窗形得到提升。

(5)小 结

在兵营后续扩建过程中，最初在依尔梯斯兵营和俾斯麦兵营中所表现出来的那种气派程度逐渐减弱。尽管个别建筑规模仍然较大，但已看不到应对气候条件的建筑形式了。毛奇兵营内建筑不再建有外廊。同样令人印象深刻的是，该兵营逐渐改变的

①~③参见Schubart文第14页。

④、⑤ 参见1910年度《胶澳发展备忘录》第55页。

⑥参见1910年度《胶澳发展备忘录》第55页。

⑦军官食堂来自1820年代根据普鲁士国王命令建立的“军官的食堂”。帝国建立后它们日益发展为一需要有豪华造型的社交场所。在世纪之交后宴会厅(礼堂)成了军官食堂最重要的部分，装饰富丽堂皇而雅致。参见Kaiser著作第101~111页。

⑧亨利•舒备德作为建设局职员1907年夏到达青岛。其手写的“军官食堂建设笔记”由其住在里林塔尔的儿子Werner Schubart博士友好提供笔者使用。

建筑形式乃至几乎全部(德国)国内风格的建筑结构，并且俾斯麦兵营营房中也去掉了外廊。如果说在俾斯麦兵营后期建筑中，尽管简化了立面结构，改变了各楼层平面，依然能看出还是参照了已有建筑。毛奇兵营作为一个全新兵营综合体，也就是说，它成为一个新的兵营建筑样板。军官住宅，尤其是军官食堂，可以说紧随德国的最新趋势。这座建筑的设计建议肯定来自德国——在青岛没有与之媲美的老建筑，而非作为早期建筑的改进在青岛发展起来。这些从德国带来的新变革，应归功于1907年才来青岛的建筑师亨利·舒备德。

四、私人建筑

1. 住 宅

(1)天主教会住房(1905年前后)

今天，这座建筑商住两用，经过多次改建，屋顶细节已不复原状，立面重新抹灰(图4-18)。

该住宅高三层，位于今广西路，地块范围一直连到江苏路，均属鲁南天主教会所有[①]，可能用来接待偶尔访问青岛的主教或出租[②]。也许只有一部分居住面积出租。至迟1905年[③]建成。与青岛其他大多建筑不同，这里使用了可能中国烧制的黑色砖瓦。

核心建筑平面矩形，南侧有一凸出外廊。外廊中间其上层前边用作阳台，阳台下

图4-18 天主教会住房南向视图(左，1905)(右，2016)

面是与底层融为一体的主入口。向北，有一座属于侧翼建筑的多角形边房，可能是曾经的勤杂房。从建筑核心四坡屋顶向外延伸，南向有一马鞍形屋顶，覆盖门廊各侧面山墙轴线部分。核心建筑四坡屋顶东西两侧各有一扇天窗。大楼南立面为主立面，朝向广西路，两侧凸出山墙和连接它们的阳台对称。一条水平线脚贯通，在立面上分隔上下楼层，但如今唯一存留的线脚只在外廊外侧可见。在外廊外侧，还可看到每层都各有一小半圆拱窗，后来被人从后面用砖封砌，造型自由的雕花格窗受到严重破坏。

核心建筑带外廊的基本结构在青岛很常见。但在这里，外廊两侧山墙和高耸屋顶给人留下特别印象：连拱廊似乎与建筑体融为一体，它们既非前置，也非“外廊风格”。

陡峭屋顶和山墙使建筑显得更高耸；与平铺的建筑外廊形成对比。

天主教会建筑立面造型显示，与其说采用了历史形式，不如说是由比例来决定整体效果的一次尝试，受气候条件制约，用新的手段来实现一种新的殖民建筑形式，但在建筑单体细节上异域情调不明显。

(2)德县路捷成洋行[④](1905年前后)

这座建筑外观保存完好，现由市政管理当局使用(图4-19)。

这座双层建筑位于安徽路入口的德县路上，亦即在原欧人区和原大鲍岛间的分界线上，也许曾用作住宅。南北方向上方形核心建筑与纵向建筑非对称相交构成。核心建筑东侧有一凸出山墙。

该建筑立面现已抹灰，历史照片显示原山墙面是清水砖墙半木镶面。南向主立面由凸出山墙主导。上部墙面镶木架饰面，山墙在底层区域有三联窗，其上各层窗位置对位于木架饰面。在一侧，二楼曾有连拱廊，现已封闭。

该建筑显示了简单结构的穿透力。新颖的比例，特别是宽大的凸出部分，简单的建筑装饰，使该建筑更具纪念性。

①参见BAMA RM3 7002附录(地籍图部分，截至1912年2月23日的建房状态)。
②参见StMB12(1914.9)，第186页。
③一幅立面图载贝麦、克里格书1906年版第63页。同一版本中印的“青岛和大鲍岛地图”中尚未载有此建筑。徐某将此建筑日期定为1903年，参见其著作第42页。
④徐等人认为这座楼是捷成洋行的地址。参见徐等人著作第50页。

图4-19 德县路23号捷成洋行房子(上，1910)南向视图(下，2016)

图4-20 路德公寓旧貌(上,1914)、东向视图(下左,2016)、北向视图(下右,2016)

与该建筑直接相邻的另一栋住宅形式类似，应建于同一时期，规划上可能有关联[①]。

(3)海伦妮•路德公寓(1905年11月~1907年)

该建筑现为青岛市卫生局办公场所[②]。除北侧改建外，其他部分保存完好，南侧阳台后来用窗户封闭，西侧大阳台系后来加建 (图4-20)。

这座家庭公寓建于1905年11月到1907年间，采用建筑师罗克格(Curt Rothkegel)的设计图纸[③]。该建筑位于今德县路西南侧靠近总督府一较大地块上，明水路和湖北路交叉口。

①徐等人的文章称这里也为成洋行所有。

②青岛市卫生局早已搬离此楼。——编者注

③参见华纳书第274页。托尔斯滕•华纳很友好地把罗克格夫人1957年打印的“建筑师罗克格在中国的活动”一文转给了我。

建筑平面矩形，底层和上层共九间客房和两套公寓。一层有通道从公寓通外廊，北面是居住间和餐室，其他客房就在楼上，这些房间都有通道去往楼北侧外廊[①]。阁楼上其他房间被整合在一个相对平坦的四坡屋顶下，檐口高度统一。

该建筑结构对称，基座宽大，外墙统一抹灰。除北侧外，建筑大部分侧面有连拱廊式外廊，底层石砌，上层则用木结构搭建。

东侧入口气派，外廊两侧分别凸出。该建筑宽阔平稳，首先因其比例和水平构图，没有高耸元素，呈现乡村小别墅特征。只有四扇大型弧形老虎窗稍抵消了水平效果。

除了北面，外廊占据其他立面主要位置。作为一座家庭公寓，如此大面积使用外廊不可想象。因此，不能把该建筑看作模仿香港或新加坡“外廊风格”的范例；相反，应更多理解为适应需求和气候的改造。它借鉴了海滨度假区建筑元素，但并无历史关联，是一个具有现代特色的乡村别墅。基于1905年的设计，这是一个进步。

(4)海尔曼•伯恩尼克(Hermann Bernick)住房(1905)

该建筑现仍用作住宅，是汇泉湾畔德国统治时代留存的少数几座房子之一，几经修缮，最初面貌已难以准确复现(图4-21)。

该私人住宅从前属于海尔曼•伯恩尼克，即Bernick & Pötter建筑公司合伙人[②]，位于汇泉湾上边陡坡位置的福山路上，由工程师波特尔(Pötter)设计[③]。

建筑高两层，由多个单体建筑组团而成，屋顶异常陡峭高耸，为两个面积不大的阁楼层提供了空间。在建筑西侧，屋顶一直落到一层上端高度，与建筑坡度呼应。

建筑平面布局遵循此类建筑通常的平面方案。

各立面设计富于变化，已无法准确判别以前的立面划分。该建筑整体抹灰，南面和西面有半木结构外墙，装饰了西南角多边形角塔楼。不过，由于建筑坡位和与之相连的高耸南立面，塔楼未能完全展现其效果。在南部，一层前有阳台，阳台下有地下室。建筑西侧有一带顶连拱廊，现已封闭。

这所别墅的高度延展和因此造成轮廓的戏剧般躁动给人印象深刻，其所处山坡位置进一步加强了这种效果[④]。同时，该建筑移植自德国房建的简单装饰和传统结构，

图4-21 伯恩尼克住宅(左,1905),西北向视图(右,2016)

图4-22 施迪克弗特别墅南向视图(左,1914)、北向视图(右,2016)

---

①参见华纳书第274页。华纳很友好地把罗克格夫人1957年打印的"建筑师罗克格在中国的活动"一文转给了我。

②、③参见华纳书第298页。

④属于这种19世纪后半叶以来已习见的与风景相宜，尤其是与山区风景相宜的农村别墅，参见Hammerschmidt著作第174~176页。

使其看起来不像青岛同期建造的住宅那样具有当地特色。

(5)施迪克弗特别墅(1905年后)

该建筑高两层，位于沂水路，是1905年后为施迪克弗特(Johannes Stickforth)所建豪华住所[①]，现用作办公楼，保存完好。在中山路南段对面有该房子一间车库，可能系后来所建 (图4-22)。

该建筑有一典型别墅平面，底层是大型豪华房间，上层和阁楼是主人使用房间[②](原文是privat，就是私人的意思，这个别墅的特点，底层应该是公共社交的场所，楼上部分是主人私人使用的房间)。底层有一前厅通往中央大厅，从那里可进入该层各房间。房间内独立木楼梯通向上层，没有走廊。北部另有一架楼梯和一独立仆人入口。

建筑基座石材，直至底层窗台高度，表面抛光打平。该建筑上覆一复折屋顶。南向和西向立面都有装饰山墙。南立面面向街道。其东侧有一底层连拱廊，上方是露台。各立面统一抹灰且材料单一，整座建筑浑然一体。

该建筑主要效果来自其砌块结构；增建部分多在北侧，从街上看不到，极少出现在代表性的南立面上。由于无其他立面装饰，而且门窗排列相对有序，使该建筑呈现很强的纪念性。

(6)江苏路住房(1905～1908)

这座建筑外观保存很好，现为市工人文化宫办公地。1908年前建成[③]，位于别墅山以北的江苏路，房主情况不详 (图4-23)。

建筑主体高三层，复折屋顶。每个立面都有各种类型的扩建，屋顶高度不一，形成了和谐组团和相应的屋顶景观。北侧中央楼梯可通往两个楼层大厅，各房间围绕大厅排列。外墙设计特别引人关注：除北侧外，其余立面都安有连拱廊，在某些情况下，还有落地凸窗。砖和灰墙立面因灰浆表面位置和尺寸不同，其中一些抹灰表面还设计了不同图案，十分生动。

此外，山墙区和其下部分区域都使用半木结构。造型富于变化，除护壁板基座外，没有使用花岗岩镶面。

图4-23 江苏路西侧住房(最右侧建筑)(上，1910)及东立面(下左)、北立面(下右)(2016)

①见徐等人著作第47页。

②1914年后绘制的这座楼楼层平面图的一份蓝图(青岛渣打银行经理官邸供热设施平面图)，保存在日本东京大学亚洲建筑艺术研究所档案室中。该图中在底层有住房、餐厅和书房以及厨房间。在楼上则安排有私人房间。

③此楼在1908年出版的Weicker著作上登有照片；但在1906年版贝麦、克里格书中很可能不完全符合实情的市区图上却没有刊载。

图4-24 德县路捷成洋行别墅北侧，西南向视图(1914)

(7)德县路捷成洋行住房(1906)

这座建筑1991年后拆除 (图4-24)。

捷成洋行的这座住宅建于1906年[①]前后——可能也与该公司在青岛的其他别墅一样——供出租用。该楼位于德县路显要位置，距总督府不远。与沂水路和汇泉湾畔两座大得多的别墅一样，由利来(Lieb & Leu)公司[②]施工。

这座两层建筑相当小，平面布置常见。南边有一山墙向外伸出，并扩建一间餐厅。

建筑立面抹灰，坐落于毛石基座上。主立面面向西南的德县路，其西边伸出部分上加有一弧形山墙，该弧形在山墙下端成角形展开。楼上侧旁有一阳台。

与捷成洋行其他住宅建筑相比，造型非常简单，符合19世纪末的通用别墅方案。

(8)湖南路阿尔弗雷德•西姆森房子(约或1906后)

该楼现用作住宅，面向湖南路，外观保存相当好；两个外廊已被封；两个侧门及整个北面改动较大(图4-25)。

这座1906年由祥福地产公司[③]建成的住房[④]，位于青岛路以东的湖南路，紧靠贝尔根(Bergen)住房。稍退后高两层的楼房，可由侧面两凸出部分入口进入。建筑平面长方形，向北另有一凸出增建部分，以前也有一独立入口，可通过大露天楼梯进入。

①参见徐等人的著作第50页。

②一幅1906年立面平面图的蓝图藏日本东京大学亚洲建筑艺术研究所档案室。其上记录施工为利来公司。在这座楼中，据马维立教授告，1912年前曾住过广包公司的商业负责人Conrad Miss，城建局长施特拉塞其后入住。

③按照1912年在地籍册上的登记可证明Alfred Siemssen公司是房主，但此房子是否由它所建，则无从确定。参见BAMA RM3 7002。

④这座楼在贝麦、克里格1906年版书的市区图上未刊载。

祥福洋行(地产公司)建设的湖南路双联公寓楼(约1910年)

图4-25 湖南路西姆森住房南向视图(2016)

沿湖南路为正立面，采用广西路的商号立面结构：中心双开间，两侧为山墙，昔日该部分两个楼层都有外廊。山墙倒圆轮廓，稍呈弧形，各内接一扇斜置椭圆窗，弧形轮廓向内呈角形。毛石基座高大，其上立面统一抹灰。

与青岛路东南各街道其他住房相比，该建筑南立面独具特色，仅在商铺上使用。可以排除该建筑用作商铺的可能性，很可能是把早先住宅区里另一地块上的建筑方案

图4-26 德县路北侧别墅西北视图(左，1914)，西南向视图(右，2016)

移植于此。

(9)德县路北侧别墅(1907年前后)

该建筑外观保存很好；塔楼屋顶和半木装饰以及建筑北半部屋顶不存。市行政部门不同职能单位现在此办公 (图4-26)。

建成于1907年前后[①]，在德县路北侧，退后街道很多。建房者和原住户不详。

建筑两层，矩形平面，向南、东对着德县路和向北各有一个一层体块向外伸出；代表性的西立面，在建筑西南角斜置一两层落地凸窗，建筑西北角圆形平面上环绕三层塔楼。尖顶拱窄窗，或单或耦合，立面统一抹灰。各立面上都有水平线脚分隔楼层。最顶上的水平线脚上方有一雉蝶护墙连接和塔楼相邻三角山墙，该线脚不像通常双拱形轮廓那样轮廓清晰环绕塔楼，而是一个装饰拱横线脚。在该水平线脚上，以前还有一半木装饰，直到尖锥形屋顶底部[②]，现已不存。屋顶北半部——从山墙出发——被一截断的四坡屋顶覆盖；南部区域用作一个大阳台。

①在1908年度《胶澳发展备忘录》附录1中，载有这座房子的一幅照片。

②塔楼三角形楣饰可从发表于1908年度《胶澳发展备忘录》附录1的、1907年前后拍的照片中看出。一张源于科布伦茨联邦档案馆(图片档案，胶澳保护区B2372)标注日期为1910年的照片，显示这座塔楼无三角形楣饰和半木装饰。

雉蝶女儿墙、塔楼和哥特式尖顶拱窄窗，赋予该住房城堡式别墅的特点，这样的范例也许能从19世纪中叶[①]汉堡“城堡风格”别墅身上看到。

(10)尤达住宅(1909—1910)

该建筑现已不存 (图4-27)。

这座私人住宅位于今汇泉湾畔牟平路，业主是尤达(J.J.Judah)先生，1909—1910年间由广包公司所建[②]。

建筑双层，矩形平面，东、北侧两层有外廊。不似青岛常见外廊由结实的柱子支

图4-27 尤达住房(1909—1910)东南向视图

撑，而是简单和无装饰的支架结构。其底层以扁平拱支撑，上层则以水平过梁隔开。在平缓的角锥形屋顶上，面向花园方向有一弧形老虎窗。

这个朴素建筑使人联想到青岛早期移民居住的那种进口(组装)住房，但建造时却很不寻常。不清楚这些基本无装饰但却与建筑融为一体的外廊，为什么朝向北方和东方，这也使人想到简单的热带房屋。相对汇泉湾畔那些豪华开发项目，这座并不起眼的房子若用作临时避暑同样很理想。

(11)齐默尔曼(Zimmermann)住房(1910)

这座房子外表保存很好，仅在入口(大门)处及南面的窗子布局部分有所改动，始终用作住宅(图4-28)。

该住宅建于1910年，业主是律师曼弗雷德•齐默尔曼(Manfred Zimmermann)，位于湖南路，在青岛路东[③]。由广包公司所建，很可能也是这家公司设计的。建筑内大概有若干套住宅。

这座三层建筑，最上层已隐在高耸的复折屋顶内，另有一小阁楼层，在遵守建筑条例情况下，共四个楼层。建筑主体矩形，北侧有一半圆形楼梯间，通到另一座窄小附加建筑内。其层高与主楼不同；从北立面上可完整看到包括阁楼的四个楼层。

南立面对称结构，立面内再无划分，中间有一山墙，二层有一无装饰凸肚窗，紧邻该窗有连拱廊，面朝青岛路。北立面与南立面类似。

除北侧外统一的建筑体块、相对清晰划分的南立面及无建筑装饰，给人朴实无华的整体印象。可以看出，最初努力追求对称的建筑布局，后来不知何故开始不规律扩建，特别是在从图片不能非常清楚看到(猜测作者可能是从图片上看不清，所以加上了“从图片上”——编者注)的北侧。因而立面处理就与之矛盾，未能遵循造型的客观严肃性。很可能是考虑到总督府，建筑主立面在青岛路西侧要衬出雄伟高大的效果。

---

①为此参见Brönner书第153~156页。
②、③参见巴伐利亚州立图书馆BSB ANA. 517, 广包公司照片集。

图4-28-1 齐默尔曼别墅西南向(1910)

图4-28-2 齐默尔曼别墅西北面(1910)

图4-28-3 齐默尔曼别墅北立面(2016)

(12)克鲁森博士(Dr. Crusen)别墅(1910)

这座建筑变动很大并经过扩建，用途不详(现为青岛市公安局经济犯罪侦查支队)。

该建筑位于莱芜路江苏路口，建于1910年，系皇家首席法官克鲁森博士的住宅①。广包公司负责建造，很可能也由该公司设计(图4-29)。

该住宅平面长方形，东侧有一附属建筑。在北面入口处，房子一层，复折屋顶。由于地块有坡度，在南面看起来，包括毛石基座，房子像两层。单个楼层房间布局已无法重现；可能采用常规解决方案，厨房和杂物间在地下室，气派的起居室和书房在底层，纯私人用房设置在上方复折式阁楼层内。

从清晰的外部造型，可推测建筑内部也应划分明确：所有外表面抹灰，南向和西向窗户对称安装。南向主立面上，在半地下室层一半高度，有一花岗岩毛石砌筑露台。上面一层另有一座露台，可由此进入建筑。其木结构支于下层露台上，可通过

图4-29 克鲁森别墅建筑南向视图(1910)

①参见巴伐利亚州立图书馆BSB ANA. 517, 广包建筑公司照片集。

图4-30 波特尔住宅西南向视图(左,2016)(右,1911)

阁楼层山墙中的一扇门到达阳台。尽管结构独立，设计精心，但由于露台未纳入建筑主体，因此南侧立面依然保持了清晰的线条。与前面的花园有关，阳台上有呈阶梯状的绿植垂下。

总而言之，这是一座现代的、结构清晰的乡村别墅，反映了当时德国建筑艺术改革的现实趋势。

(13)波特尔(Pötter)楼(1910年前后)

这座建筑外观保存很好，现用作住宅(图4-30)。

该住宅高两层，位于今湖南路和明水路间一尖角地块上，可能也是湖南路的商业场所。原主人是建筑工程师波特尔(Pötter)[①]，他是贝泥各公司(Bernick & Pötter)共同所有人，也是德县路和莒县路上其他房屋的主人，他可能是该建筑的建筑师。这所房子很可能也用作建筑公司办公楼。

这座两层建筑坐落在一近乎三角形的地块上；其高耸

①参见联邦档案馆军事馆案卷BAMA RM3 7002中1912年2月23日地籍册图部分。

的复折屋顶内还设有另一层楼。各楼层平面布置不详。

建筑基座直到底层窗台高度都镶毛石，其余立面抹灰。沿湖南路和明水路的立面相似。在建筑西南凸出部分有一弧形山墙，且通过不同窗形排列及个别伸出，形成轻松活泼的效果。在建筑东南端，即面对街道入口处，凸出一体块，其山墙前接一半圆形阳台，覆顶类似亭子。

对这座建筑的尖角拐角，建筑师在此蹩脚地块上设计了一个有趣的解决方案。不是通过活泼的立面造型，而是通过巧妙的分期解决方案，吸引行人注意这座建筑。

(14)小 结

1905～1910年期间建造的私人住宅相对较少，虽然整体上建筑风格并不一致，有些建筑已明显具有新的功能趋势：还有一些依然坚持晚期历史主义传统，但与1904年前建造的大多数私人住宅建筑相比，显示更统一的趋势，建筑装饰减少。外廊和连拱廊也不再像以前那样频繁出现；这一时期，已不建外廊立面了。

1910年前后建的克鲁森和齐默尔曼住房，直接移植了德国具现代意义的建筑风格。这些具有现代意义的倡议可能或通过业主本人，或通过当时来青岛的建筑师——这里仅以魏尔纳·舒备德为证——抑或通过建筑杂志传播至青岛。不过很难列举单个住房建筑造型作为直接范例。

由此观察到对德国建筑艺术发展的直接态度，一方面表明青岛建房的现代性；另一方面，它也大大背离了当地原有的发展规律，并未参照与之有密切联系的其他港口租界城市的建筑。此时今汇泉湾畔尤达别墅的造型只是例外。

2. 商业建筑

由于经济困难，1905～1910年间租借地所建商业建筑数量较少。

(1)赉寿(Larz)药房(1905)

1995年这座楼内部全部修缮，用途不详(现为崂山矿泉水博物馆)(图4-31)。

建筑高三层，带有扩展的复折式屋顶，位于安徽路和浙江路之间的广西路上；

1905年由广包公司建造，可能采用了建筑师罗克格(Curt Rothkegel)的方案[①]，当时他可能还任职总督府城建局[②]。底层以前是房主赉寿的药房，上面几层可能是其他商住房。

这座临街砖石结构建筑，平面近乎方形，向北还加有一小栋侧楼。建筑两侧，有车道通向后院，院内有一栋独立单层后楼，已被翻修。除南侧小门外，建筑在西侧和东侧还有两个入口。底层窗台以下立面砌筑毛石。面向广西路的南立面造型被特别强调：在其对称的四跨结构中，楼上二层和三层中间两跨墙面略微凸出，由支架支撑，各三扇封闭窗户。一层中间两跨东边开门。底层外跨两扇耦联窗卸荷拱上方，有曲线围框(Umfassung)，在视觉上将两个楼层(以前)的开放式连拱廊结合起来。二层和三层之间，由深色瓷砖组成的网格构成立面上最重要的视觉区域，上面有橡树叶和花环图案，以及交替的浅色抹灰表面。三层檐口水平线脚由花岗岩石块制成，表面粗磨石面，延伸到建筑四角变为侧滴水嘴。檐口以上是复折形屋顶，中心两跨上方接有一个大保温窗(浴场式窗)，两侧屋面伸出塔形壁柱。

东面和西面没那么奢华，但并非没有装饰；可能在建造时作为一个独立建筑[③]考虑。南立面形式在此以简化方式重复，中间部位屋檐以上有弧形山墙。

面向院子的北立面被另一山墙支配，有以前的入口。该入口两侧有一瓷砖带，与南立面网格图案一样，由深色瓷砖组成，上面交替绘有橡树叶和花环图案。这里也可看到两个楼层在视觉上的拼接。北面山墙屋檐线要低得多。底层仅在北端有一小窗，其他地方都是砖块表面，仅由分层水平线脚分割，顶部是水锤状线脚。山墙以内还有阁楼层。

通过使用各种建筑材料和建筑形式，巍峨厚重的建筑体被精心设计的外墙赋予轻盈感，引人注目。其中一些历史来源模糊，有时看起来像青年风格派。尽管如此，该

---

①参见纽康甫遗赠BSB ANA 517，广包公司工程照片集，以及华纳书第288页，华纳推测这座房子是库尔特•罗克格的一个作品，似乎是对的。

②参见“建筑师库尔特•罗克格在中国的工作”一文。打字稿是其夫人Gertrud Rothkegel1957年完成的。无页码标示。

③东侧因加建侧房，原有面貌已不存。然而可以推测，按从整座建筑设计的对称性看，东侧造型从形式上至少与西边的样子类似。

图4-31 广西路赉寿药房西南向视图(上，1905)、南向视图(下，2016)

建筑与同一时期建造的其他建筑相比，如总督府，其设计更统一。不仅对青岛来说，而且与德国同时代的建筑相比，其造型都非常现代。

(2)亨利亲王饭店音乐厅(1905)

该建筑现已不存。

音乐厅及其所属和相连房间，直接连接到亨利亲王饭店北面。它从饭店入口大厅通过一个连廊进入。独立建筑师罗克格赢得公开方案竞标，广包公司[①]负责建造[②](图4-32、图4-33)。

建筑北边是舞台间和附属房间。从该处向南是观众厅，可容约400人，观众厅嵌有拼接轻质石膏花饰的巴洛克式拱顶，厅南端为伸入厅内的楼厢(图4-34)。可从此经连接通道到达饭店入口大厅。观众大厅以前有木质镶板，其上端环绕门拱，由东边五扇大窗采光。

因音乐厅西边几乎紧贴饭店杂物房侧翼，该处立面不能开窗。东立面是主立面，五个高耸拱形窗呈现和谐韵律。窗子的拱形凸出部分位于屋檐线以上，弱化了其划分效果。北面对称附接侧房给这个亭园大厅式建筑镶了一个框。东立面前有一小花园，可从音乐厅侧房经大厅两侧对称布置楼梯到达。为了在造型朴素的亨利亲王饭店旁建造这个近似宫殿般的音乐厅，罗克格移植了许多类似用途大型建筑的样板——如曼海姆的玫瑰园，或主要在立面造型上效仿布鲁诺•施米茨(Bruno Schmitz)设计的柏林的游乐场莱茵郭尔特酒坊(Weinhaus Rheingold)和曼海姆莱斯(Reiss)博物馆后来的设计。东立面对青岛来说非常现代，因其面向威廉二世时代的辉煌建筑，传达了一种不同寻常的高标准，与饭店建筑形成鲜明对比。一座两层连接翼将音乐厅与饭店相连，形式简洁，造型朴素。

①参见纽康甫遗赠BSB ANA 517, 广包公司工程照片集。
②参见“建筑师库尔特•罗克格在中国的工作”一文。打字稿由其夫人Gertrud Rothkegel1957年完成。无页码标示。

图4-32 亨利亲王饭店音乐厅东北向视图(1905)

图4-33 亨利亲王饭店音乐厅面向舞台的内部视图(右,1905)及音乐厅内部楼上包厢(左,1905)

(3)奥古斯特•迈耶(August Meier)商住楼(1906年左右)

该建筑现仍用作商住楼并向东扩建，底层区域变动很大(图4-34)。

这座商住楼高三层，建成于1906年前后，位于湖北路和湖南路间中山路南段东侧[①]。因大规模改建，原有商店和入口已无法找寻。楼上两层从前也许是公寓或办公室。

该建筑设计紧凑一致，面向中山路南段的西立面，造型颇为奢华，满足了一座商业楼的标准要求：立面横向四跨。在南跨，两个楼层各有一半圆拱窗，其后很可能曾是连拱廊。其北边相邻一跨山墙嵌入两扇窗户。三层有一凸出阳台，下有牛腿支撑。再北一跨二层和三层都有三联窗，但各层花岗岩窗框造型略有不同。最北一跨连拱廊已封闭为窗，与南跨圆窗一样，这里也对称插入隅石。三层有一盝顶出挑塔楼。建筑之上覆有一个复折屋顶；老虎窗可能是后加的。

图4-34 奥古斯特•迈耶商住楼西向视图(左，约1940年代)(右，2016)

①这座也许曾设有书店和奥托•罗泽(Otto Rose)出版社的房子，曾登载在1907年青岛通讯录上。该地块属于奥古斯特•迈耶先生所有。所有信息均源于波恩大学马维立教授。

外墙刻意追求不对称，与建筑不加修饰的基本结构对比鲜明。然而，立面结构由于各跨的排列表现呆板；仅在各立面开间内而非各楼内展现造型变化。就1906年左右的建造时间而言，该建筑并没有很好引领潮流：就如1902年的亨宝大楼一样，更多遵循了城市早期建筑的要求。

(4)浙江路和中山路南段间广西路北侧商住楼(1907？)

该建筑外观基本保存完好，仅外廊被封闭和两侧屋檐因扩建发生变化，目前依然作为商住楼图(图4-35)。

建筑高三层，位于浙江路和中山路南段入口间的广西路北侧。建筑体块的统一性在南立面东西两侧被打破，三层增设阳台，以前由木结构单独覆盖，二层阳台原先应是外廊，略凸出临街建筑线。中间部分四坡顶，最外两跨似乎还有一个扩展。南立面外表抹灰，造型对称，中央部分三分，由跨越几层楼的壁柱和高而窄的窗户组成严格的垂直结构，中央部分较宽，终结于一改良的三角山花，两边没有垂直划分结构，只有稍凸出的檐口水平线脚和三层的窗台线。立面对称，主入口位于建筑中心。这些垂直划分颇有半木结构装饰效果。

建筑师有意识放弃了立面装饰，而选择严格清晰划分的立面结构，显得坚固、粗大且自成一体。外廊和阳台可以在视觉上活泼立面，但没有减弱建筑巨大的整体外观。可能受军官俱乐部(餐厅)等建筑的启发，这是第一次在住宅和商业建筑中强调体块效果的立面设计。

(5)保定路和大沽路间中山路南段的商住楼群(1905~1910)

这些建筑均为两层，沿街而建，都有可用的阁楼层。也许因其位于欧人区北部边界之故，在欧人区、大鲍岛和港口区之间的主干道中山路南段西侧，保定路和大沽路交会处，三座商业建筑建于1905~1910年间，造型比广西路上那些富丽堂皇的建筑更简单和传统。估计其供应的商品种类更贴近周边的需求；因此建筑也无需华丽的外形(图4-36)。

①保定路/中山路南段角楼

图4-35 广西路北侧商住楼南向视图(上，1910)(下，2008)

图4-36 保定路与大沽路之间中山路段的商住楼群东向视图(2016)

东立面和北立面的一楼，由于改建已不可能精确复原；沿两条街道有许多小商铺。因建筑上层加了许多窗户，能推测出该处小部分楼层的平面布置由许多小房间组成。砖砌立面经统一抹灰并由水平线脚划分；外侧冠以简单造型山墙。保定大街上外跨的山墙，由于阁楼层扩建现已不存；另一端山墙则以简单形式得以保存。原先环绕的鞍式房顶，显然已完全扩建成了可用楼层，部分区域已大为改观。这里现仍沿袭其原先功能。

②商店(“新南京美发厅”)

向南接有另一商住楼，不过该楼层高和檐高是后来扩建的。

朝向中山路南段有几座商铺。从前鞍式屋顶房子的立面造型已无法辨认；建筑北端，有匣式冠的扁平拱形山墙。现在的窗形是否与从前相符，不得而知；很可能在立面中央有与建筑融为一体的连拱廊。

这两座现存建筑都很简单，造价不高，根据类似方案建造，并清楚显示出小城市建筑的定位。与统一而简单的基本造型相比，单个建筑通过不对称立面和各种简单的山墙形式体现个性化。可以推测，未保存下来的建筑应该也按类似样式建造。

(5)小 结

由于建于1905～1910年间的商业建筑现存不多，且位于城市不同区域，用途也不同，因此很难对建筑发展做出明确评述。由罗克格设计的两座建筑，赉寿大药房和亨利亲王饭店音乐厅，就其造型而言，属于优秀建筑之列；前者特点首先在于其富于变换的立面造型，部分区域表现出青年风格派风格，音乐厅可视为移植了威廉二世风格的奢华建筑，这一风格的著名案例有柏林莱茵郭尔特楼(红酒坊)(Haus Rheingold)和曼海姆玫瑰园节庆大厅，两者均由布鲁诺·施米茨设计，虽很华丽但并不太重要，所以只是被简化移植。中山路南段北部与欧人区相比，商业楼基本没什么装饰，造型极为普通。

3. 教堂建筑和教会建筑

(1)基督教堂(1908年4月~1910年10月)

除内部绘画和当年捐赠的内外窗户，这座建筑保存完好，现仍保持当年用途。

这座造型庄重的基督教堂是替代总督府小教堂而建成的，之前的小教堂无论体量还是其临时造型都不能满足各项要求。该教堂非差会教堂，而是青岛新教教徒的教堂。总督府在今江苏路以东一小丘上为其提供了一块场地，然后将其平整为一个宽广的教堂建筑前场地。选择该建筑场地——起初也曾考虑过在该山丘再偏南一点位置建造教堂——从开始就确定要把该教堂建成江苏路和沂水路高级居住区附近可见的地标。为此，总督府专门成立了一个评审委员会，汇集军、民各方代表[①]，并于1907年1月举行竞标。柏林德国新教教会委员会在青岛募捐236 000马克建造费用[②]。招标文书

①参见1906年度《胶澳发展备忘录》第38页。评审委员会由建筑商卡尔•波特尔(Karl Pötter)、海军建筑土木工程监督官尤里乌斯•罗尔曼(Julius Rollmann)、商人阿道夫•C.翔姆堡(Adolf C. Schomburg)、城建局长施特拉塞和总督府牧师路德维希•温特(Ludwig Winter)组成。亦见《青岛新报》1907年2月10日刊。

②*DE*(德国之角)1980年第6期第1页。

图4-37 基督教堂西向最初设计图(1907)

预先规定了新教堂外观风格："不希望采用巴洛克风格和法兰西第一帝国时代流行的艺术风格……有限的建筑费用也负担不起华丽的哥特式风格"[①]，"重点更多放在这座简单教堂的整体效果上，而非华丽的细部构造。"[②]施工由总督府负责[③]。一等奖颁给罗克格的设计[④](图4-37)，然而最终采用的很可能是经城建局长施特拉塞[⑤]多次修改后的方案。1908年4月19日奠基，1908年秋正式开工[⑥]。1910年10月完工[⑦]。1911年夏，从今江苏路至教堂西北侧平地，添加了花岗石露天楼梯[⑧]。

---

①《德国建筑报》1907年第33期第232页。

②罗克格《青岛-胶澳地区的新教教堂》，载《中央建筑管理报》1909年第13期第159-160页，这里为第160页。该文还列出了其他一些预先规定：建筑费用规定为190000马克，包括30000马克用于管风琴、钟、暖气和电灯。要求教堂设500个固定座位，其中一部分可安置在廊台上；在过道上，在特定日子至少还可以加110把椅子。除管风琴廊台连同教堂唱诗班空间外，还规定有包括前室厕所约35平方米的法衣室，一间洗礼厅，一个可容纳约50人的教徒间，一小设备间和用于暖气和储煤的房间。"希望"建一装钟表和使用现有大钟排钟的塔楼。出处同上。

③参见《德国建筑报》1907年第33期第232页。将施工交给广包公司；"深色抛光崂山花岗岩的布道坛、圣坛、洗礼盆和五根柱子的石匠工程交给石匠和建筑商Stolz & Kind，屋面工程由德远洋行承包，大门和精细五金工程交由钳工师傅海尔曼•迪克曼(Hermann Diekmann)来干，管风琴交给布楞茨河畔格林根市的灵克公司(Gebr.Link)制造，教堂塔楼大钟由魏勒(Fa.G.Weile)公司制造。何星记和匡新升(译音)等中国公司参与了木工和板凳等工程。"《德国之角》(*DE*)1980年第6期第1页。

④《青岛新报》1907年7月18日刊。对于推荐的其他设计的说明请参见该报1907年7月24日刊。

⑤施特拉塞作为建筑师参与了部分工作。参见《*DE*》1980年第6期第1页。尽管他未递交设计，作为建设局长他显然在评奖委员会中有相当大的影响。是否与罗克格协商过修改相关图纸，在外部造型尤其是钟塔楼造型上，可看出这些图纸明显与罗克格的设计有差别——刊于《中央建筑管理报》1909年第13期第160页——已说不清楚。

⑥参见1909年度《胶澳发展备忘录》第46页。

⑦参见BAMA RM3 6817-96(未付印的1909/10年度发展备忘录草稿)。

⑧参见BAMA RM3 6818-67(未付印的1910/11年度发展备忘录草稿)。

⑨包括增加的座椅在内共有450个座位。参见BAMA RM3 6817-96(未付印的1909/10年度发展备忘录草稿)。

⑩参见*DE*(德国之角)1980年第6期第1页。

图4-38 基督教堂内部视图，向北看祭坛视图(1911)

大厅是整座建筑的实际核心，南边是教堂入口外门厅，可通过西侧横向区域另两个嵌入前厅进入。西侧前厅超出南侧建筑线，东侧前厅背后楼梯通向廊台，廊台又自东边的建筑线伸出。大厅北侧是矩形祭坛间，略高于主体建筑高度，向北伸出(图4-38、图4-39)。与之毗邻向西有法医室、两个卫生间和一间祭具室。其南面有另一入口，可从该入口经另一前厅到达大厅。该前厅北边有楼梯间，通往耸立于前室上方的塔楼。筒形穹顶大厅有324个座位[⑨]。两侧是侧厅，与大厅之间通过拱门相连，门拱坐落于低矮粗柱上。这些柱子有多角基座，柱身为红褐色花岗石，深灰色崂山花岗石的盅形柱头装饰花卉图案[⑩]。祭坛和布道坛位于通往祭坛间台阶的西

图4-39 基督教堂内部视图,向南看包厢(1911)

端，由同一材料制成。祭坛对面教堂南侧是管风琴和唱诗班廊台。原计划在东部侧房北部[①]为总督建设一个包厢，但被放弃。麦克伦堡大公约翰•阿尔布莱希特(Herzog Johann Albrecht zu Mecklenburg)1910年为祭坛间的圆窗捐了一扇克里斯托弗鲁斯窗(Christopherusfenster)[②]，该窗在德国制造，1912年圣灵降临节(复活节后第七个星期日)落成[③]。其他捐赠人还有威廉二世皇帝和东亚巡洋舰分舰队军官[④]。这些窗户安装后——并与教堂建造无关——才开始计划对教堂进行绘画装饰[⑤]，不过这些绘画均已不存。整个教堂地面均铺麦特拉荷尔(Mettlacher)地面瓷砖[⑥]。

建筑外部造型反映了室内结构：不规则添加凸出建筑和边房构成了和谐统一。中央耸立着核心建筑，教堂大厅部分屋檐高度统一，每隔一段距离就被高大的窗户打断，罗克格曾在亨利亲王饭店音乐厅中使用过类似结构。建筑主体屋顶复折式。

南向前厅侧室外是一大山墙面，上面仅分散有少数几个窗户(图4-40)。在东侧，侧厅有独立单坡屋顶，楼梯间和另一入口分处两侧，该入口曾由罗克格定为总督专属入口(图4-41)。祭坛间从教堂主体向北伸出，采用无装饰抹灰立面，其上有中央圆窗和成对小窄窗用于阁楼间采光。法医室和祭具室在教堂西北角。侧厅北侧结构基本对称，通过屋檐线脚走向起伏强调中心，而非统一的门窗设计，地下室入口处刻意采用不对称设计，抵消上部的对称性。侧厅西侧通过山墙上三个狭窄窗户加强对称性，与南面毗邻入口区对比鲜明，后者位于宏伟粗犷的毛石塔楼中。该塔楼高36米[⑦]，是整个建筑最显眼的部分，由于受建筑西北角布局限制，塔楼在方形平面上从建筑体块中挺拔而出，向上逐渐变细。塔楼顶上接有一弧形且末端呈尖状铜质钟形屋顶，西面朝向市区和东面各有

图4-40 江苏路基督教堂，南向视图(1912)

①参见《中央建筑管理报》1909年第13期第160页。

②布伦瑞克大公国君主麦克伦堡大公约翰•阿尔布莱希特趁他正在青岛之机，为新的基督教堂祭坛上方窗户捐了一幅玻璃彩绘。画的应是圣Christopherus，在中间部分较下方空间，在已故女大公伊丽莎白和现在君主夫人徽章之间的应是大公的麦克伦堡徽章。《德文新报》1910年8月12日第32期第166页。

③参见BAMA RM3 6891-79(未付印的1911/1912年度发展备忘录草稿)。

④上述备忘录草稿提到威廉二世皇帝捐赠的另一扇窗户，也应在1912年圣灵降临节时首次投入使用，但其主题不清楚。更令人惊奇的是，皇帝捐赠的窗户本应更多说一说，而不是仅附带一提。很可能涉及一幅并非专为青岛定制的绘画，而是在德国各地发现的皇帝捐赠的许多玻璃彩绘之一。参见乌尔立克•卢夫特-高德(Ulrike Looft-Gaude)文"1900年前后的玻璃绘画。1895~1918年间德语(国家)区的玻璃马赛克。"1987年慕尼黑出版，第69页。关于这扇窗以及所提到的其他捐赠窗户(海关税务司阿里文、东亚巡洋舰分舰队军官和官员、卡尔•艾希维德(Karl Eichwede)、青岛的军官、官员和市民(参见DE1980年第6期第2页))并未附图和相关信息。

⑤"在装入窗户后方可对教堂内部用预留建筑资金进行艺术绘画装饰，因为直到这时墙体和灰浆才足够牢固，方可进行绘画。" BAMA RM3 6818-66(未付印的1910/11年度发展备忘录草稿)。

⑥刻有图案的麦特拉荷尔地瓷砖，在世纪之交因其结实耐用成为教堂通用的地面铺层，尽管对一座教堂建筑来说它们部分地被视为"太华美"和"太雅致"("石质地毯")。参见奥斯卡•霍斯费尔特(Oskar Hossfeld)文《城市和乡村教堂》，1915年柏林出版，第68页以下各页。相反，霍斯费尔特却认为木地板"不够大气"，见同一文第70页。

⑦参见王润生著作第31页。

图4-41 江苏路基督教堂，东北向视图(1912)

图4-42 江苏路基督教堂，西南向视图(1914)

一三角形装饰山墙，山墙面钟架区有窗户。在塔楼西南角，另由毛石支柱固定，该支柱平面为圆形，由下往上逐渐变细(图4-42)。

整个基督教堂全都抹灰，从前不着色[①]，因而在灰浆面内有几处波浪纹。该建筑南侧和北侧相当平坦，它与如画的整体风格形成对比。整个基座区砌筑毛石，一直延伸到窗台高度。为强调建筑的坚固结实和厚重，更多类似粗犷加工方式体现在屋檐线脚上下。这些线脚通常是一道平滑抛光的边饰层，以一层粗凿石头加固。除建筑东北角带顶入口外，总共六个入口都通过半圆拱和环绕粗琢线脚处理，然而这些入口都不在中央，而在建筑转角上，大面积空白表面和粗犷的基座形成反差，另外强调了教堂的防御性和敦实的特点。少量窗户在形状上差异很大。教堂内部通过大面积垂直窄玻璃窗采光，类似设计延续到教堂侧厅，与建筑下部窄小的窗户形成对比。这些窗户归纳成组；建筑东南角窗户随楼梯走向布置，配合塔楼形状。南北两侧圆窗可直接给教堂大厅采光。

坚固结实的如画效果和外部不对称性是江苏路基督教堂的基本设计原则，这些原则在项目标书中都有所体现，也可从建成后巨大的建筑体量、厚重而扁平的形式和毛石中看到。相比之下，该建筑的内部设计，尤其是礼拜大堂的造型设计，严格说只符合普鲁士基督教教会针对教堂建设一半的要求[②]，即使只涉及最重要的使用需求。通过非对称加建小附属房间，使平面布局也具备了如画效果。

为使教堂显得厚重和粗犷结实，罗克格基本上没有使用高耸的建筑元素，这有利于教堂体块的地面排布[③]。由他设计的这座巨大塔楼高27米，更符合庞大厚重且平铺的建筑特点[④]。在实施中，它的确与教堂其他部分对比鲜明，只是在形式上被修改得更传统，高度也有所提升。最终效果似乎并不再刻意强调这种形式上的对比关系，建

①参见《中央建筑管理报》1909年第13期160页。

②与威斯巴登规则和“新教改运动”相比，它更符合当时较为传统的普鲁士传统，包括一个适宜的讲坛，一个用于祝福、婚礼和圣餐的独立祭坛区域，中间通道供新娘和其他庄严仪式使用，以及在会众后方带唱诗班席位的管风琴，放于讲坛侧面的位置，与祭坛区域成一条轴线。这些布局要求与普鲁士教会传统相一致。参见Hossfeld文第4页。

③“设计者把全部教堂参拜者安置在平地上，仅唱诗班或管风琴台高置。底楼整个座位安排要求横向展开。相应地并没有显露出高度扩展。设计者以此达到了建筑有高置部分。”《中央建筑管理报》1909年第13期第160页。

④“塔楼约27米高，因此并不影响周围山丘。”同上。

筑师仅希望有一座气势磅礴、庄重威严的塔，从远处看凌驾于城区之上[①]。

基督教堂外观设计具有简练、偶尔粗犷的形式风格，更具纪念性，这在世纪之交后已不限于教堂建筑，无论是在天主教堂，还是在新教范围都可看到[②]：作为设计手段，就像替代传统的教堂圣像一样，和谐的不规则构图起到了作用；看起来随意的结构和灵活的毛石穿插，间或出现在历史装饰形式的部位[③]，同样手法在总督官邸也出现过。作为展示与在地结合的一种手段，罗克格使用了当地典型的建筑材料[④]，强调了材料特殊性，符合德国为使教堂建筑具有典型本地特点的要求[⑤]，以暗示即使在遥远的中国也能引发一种理想的和故乡的质朴情怀，这就使这座建筑具有了传统—合法的特征。

除塔楼外，罗克格的方案基本上得以实施，据其自述，参考了北欧模式，使教堂造型粗壮敦实厚重[⑥]。与总督官邸的个别主题类似，建筑师也希望在追求一种有代表性的“民族风格”的同时，遵循简洁粗壮结实。但由于后来对罗克格方案的修改，最终建成的建筑保留了传统的、朴素的外观，失去了独创性。

(2)柏林信义会的“爱道园”(中国女子学校)(1907)

这座建筑已不存在。

柏林信义会的这所女子学校是一所寄宿学校，主要供外地中国女孩来青岛就读。该处包括一所临时的女子学校和幼儿园。学校曾暂设大鲍岛一处中式房屋中，1905年后方才实施建造新校舍的计划[⑦]。1907年4月16日在欧人区外传教会青岛站附近为新学校奠基[⑧]，新校除教室和祈祷间外，还为两位护士、两位中国教师以及约60位女生中的大多数提供住宿。这所由捐助资金资助建造的建筑1907年11月3日落成[⑨](图4-43)。

该建筑高两层，平面矩形，不规律的窗户布置显示其纯粹遵循实用特点：底层有厨房、食堂、一间祈祷礼堂(也用作年龄稍大女孩教室)和其他教室。全部女生寝室和护士长房间都在楼上[⑩]。四坡屋顶，然而西边——也许考虑房屋后期扩建原因——用一山墙封闭。

建筑结构简单实用，立面基本无装饰；只有两条窄窄的拱墩水平线脚统一划分统一抹灰墙面。校园入口大门位于建筑北面，覆一小的中式屋顶。

图4-43 信义会的中国女子学校(1907),南向视图(1910)

①"因此,在保持国内建筑艺术形式的先进理念中青岛才在相当程度上保持了一座德国城市的印象。"BAMA RM3 6817-96(未付印的1909/1910年度《胶澳发展备忘录》的草稿)。

②、③也见哈默尔•施米特(Hammer schmidt)著作第301页。

④"建筑师对建教堂的材料做了如下设想:整个外墙石料用当地易于获得的表面未加工的花岗石,如从采石场获得的。同样横线脚亦朴实无华如粗糙的圆形线脚装饰。灰浆是粗糙的,未着色。屋顶覆有凸瓦和凹瓦,半木涂有牛血。"《中央建筑管理报》1909年第13期第160页。

⑤参见阿尔弗雷德•瓦奈克(Alfred Wanekel)《二十世纪初的德国新教教堂建筑》,威腾堡1914年出版,第101页。

⑥"这座教堂从其强壮有力的外表看使人想到北欧的样板,差不多是沙里宁式的;尤其是塔楼的安排,取决于四周景色和市容。"《中央建筑管理报》1909年第13期第160页。对于由他预先设计的塔楼,显示出很可能是1904年由艾里尔•沙里宁设计的赫尔辛基火车站的样板,它当然是在1909~1919年间才建成的。参见克劳斯-于尔根•塞姆巴赫(Klaus-Jürgen Sembach)文"1910.现代主义的半场",敏斯特1992年出版,第220页,附图第221页。沙里宁(Saarinen)1908年为堪培拉和1909年为赫尔辛基议会大厦设计显示出巨大纪念碑式的建筑体积,它偶尔通过桥塔或金字塔形式附加的厚重,然而保持严格对称,并非灵活布置。它们不可能用作这座基督教堂造型的直接样板。

⑦"一名通过考试的传教会女教师领导这所大鲍岛的女子学校,逐渐发展并需从目前所用中国房子迁到条件好一些的多房间学校,已为建校获得了地皮。"1907年度《胶澳发展备忘录》第38页。

⑧、⑨参见凯特•福格特(Käte Voget)文:"而我还有其他事要做……一起干和柏林传教会华北工作回忆"。柏林1918年版,第11页。

⑩至于房间配置和用途,请见凯特•福格特文第11页及以下诸页。

总之，这所简单朴素的“爱道园”，其造型大量借鉴教会早期建筑。与同善会的礼贤书院不同，并未特别采用中式建筑艺术的形式。

图4-44 大鲍岛，从观象山向西看(1905)

五、大鲍岛、台西镇，台东镇

关于1905～1910年期间大鲍岛及台东镇和台西镇的建筑活动没有充分记录。大鲍岛基本在1910年前后才开始大兴土木；没有任何证据表明，这一时期建造的建筑物与早期建筑物有什么不同。台东镇情况也是如此。在德国租借时期结束前，台西镇的建筑活动非常迟缓，很可能是在这段时间该处就不曾有过什么建设 (图4-44)。

六、1905 ~ 1910 年间的建筑活动概观

尽管经济状况不佳，但租借地最重要和最有代表性的两座国家建筑却在此时建成，其设计一定在1905年前就已基本完成。总督府和总督官邸的精心设计，都显示了对威廉二世时期建筑艺术的直接参考，包括大量采用(粗面石工)毛石和使用粗犷、部分甚至是粗陋的形式。总督府的对称结构属于行政建筑的典型类型，前面是代价高昂的外廊立面。相比其气候因素，装饰意义更重要；胶澳总督府致力通过两侧塔式建筑和粗犷的材料美学在建筑上自我表现反倒被轻巧活泼的外廊削弱了。它们与基督教堂一起，都属于租借地最令人难忘的建筑之列。

除少数例外，这一时期少量私人建筑活动在设计上参考了德国模式；住房和商厦建筑在1905年前已逐渐开始强调功能的设计趋势，也正式发端于这一时期。袭用威廉二世时代豪华建筑的情况，在亨利亲王饭店音乐厅的例子中表现尤为明显。

第五章 1911~1914年间的房屋建设

一、1911 ～ 1914 年青岛的发展

1910年前后显示经济好转趋势持续到1914年。伴随经济发展，一些公司和个人迁入租借地，1914年有2000多名欧洲人和约6万中国人在青岛居住[①]。1911年辛亥革命后，中国富人家庭迁入增多，“中国人条例”开始松动，允许中国富人住进此前仅为欧洲居民保留的城区[②]。统计数据中提到的中国城市居民数量还包括大量增加的日本人，他们通过承揽大部分批发贸易，极大促进了租借地的经济发展[③]。另外还有约16万中国人，住在租借地的城区外[④]。1913年山东铁路公司和山东矿务公司合并；1914年酝酿已久的钢铁厂成立[⑤]。第一次世界大战于欧洲爆发后几天，日本借机站在英国一边参战，以扩展在东亚的影响。1914年8月15日日本政府发出最后通牒，要求德意志帝国将其舰队从东亚水域撤走，并把整个租借地转让给日本[⑥]。直到8月23日德国尚未答复东京，日本向德国宣战。租借地在军事防卫上不足以抵抗日本进攻，尽管扩建了防卫阵地，然而依然未能阻挡住此间经由陆地而来的日本军队，只是迟滞了他们向市区进军的进程。1914年10月初，日军得到英军支援，10月31日开战，1914年11月7日德军投降，战争结束。青岛随后落入日本手中，直到1922年华盛顿会议后才归还中国。

二、建筑发展

随着居民人数不断增长和经济情况改善，1911～1914年间新建房屋数量增加。这些工程大多位于港口区或工人居住区，这些建筑大多已不存在，所以很难准确评价该时期的建设发展情况。1912年有报道称，因大型欧洲公司落户，所以对港口区地皮需

---

①参见麦维德文第339页。

②“每个中国人，只要他不参与任何政治活动，不考虑其立场和党派，均享有做客受欢迎的权利。”同上。

③、④1913年青岛整个贸易的75%已由日本商人承担。参见约阿希姆 •海特勒(Joachim Hettler)著作《山东：一个中国经济区及其发展》第38页，慕尼黑1992年出版。这个数字似乎偏高。

⑤该项目1910年已有报道：“山东矿务公司考虑建一座高炉和一座钢厂。”《德文新报》1910年9月23日第38期第298页。也见“1913年的胶澳地区”(代替备忘录)，青岛1914年出版，第1页。

⑥有关日本人占领青岛的详细描述，请见施瑞克(Schrecker)著作第246～248页。

求大增①。相比之下，欧人区仅新建7座商住楼②。部分看法认为，由于中国人的迁入需要为建房开辟新的城区，但因现有城区均已建满③，只有港口区尚留有空地④。

随着建筑活动增加，1913年出现了建材短缺情况，这也导致新的建材企业出现⑤。

三、公有建筑

1. 青岛特别高等专门学堂(1909 ~ 1913)

这里现在是青岛的铁路管理部门办公地点。整个场地布局已发生很大变化。当年的野战炮兵营房虽得以保存但改动很大。学堂大楼保存完好，其他建筑则不复存在。

教育是德国在华文化政策的一个重要支柱⑥，但很少涉及基础教育，而是着眼于开办类似德国高等学校的高等教育机构，并用德语授课，课程多以技术类为主，目的是通过培养中国未来的精英而产生长期的文化影响⑦。"征服中国就是征服书房。"⑧对中国大学生而言，基本上规定了两级教育体制：先在德华学校学习德语和基础知识及通识，这类学校基本由教会开办。优秀毕业生将转入少数几所德华高等学校，教学领域主要是工程技术和自然科学，再加上德语知识和扩展中国古典教育，经过上述阶段，所获学位就能被中国官方承认。

---

①参见"1912年的胶澳地区" (代替备忘录), 青岛1913年出版, 第1页。

②"特别要提及亨利亲王大街(今广西路)的七座商住楼。" BAMA RM3 6820-163(未付印的1912/1913年度《胶澳发展备忘录》草稿)。

③"青岛市的建设发展主要是在最后两年间因中国富人迁入和商贸公司落户促成的, 因此必须着手开辟新的居住区。近期因多数商贸公司不落户城南而改在港口周围, 造成城市面貌重大变化和交通变化。该处相当多地块, 直到两年前仅建有零星房屋, 现已售罄并投入建设。青岛如今已给人一种完全是德国城市的印象。" BAMA RM3 6820-19(未付印的1912/1913年度《胶澳发展备忘录》草稿)。

④参见别克曼文第474页。

⑤"前一年已开工的建筑工程本年依然继续。只是有时因缺少建筑材料(屋顶瓦和建筑木材)(…)影响了建筑进度。由于对砖瓦巨大的需求和随之而来的价格上涨, 于是在胶州湾各地出现了建在盐碱地的砖瓦厂, 它们把部分劣质产品投入市场。在青岛市外有两家大的环形炉砖瓦厂投产, 拥有机械设备。在大鲍岛建了一座窑炉生产筒瓦。" BAMA RM3 6820-160(未付印的1912/1913年度《胶澳发展备忘录》草稿)。

⑥有关总的教育计划和对中国的文化及经济影响是劳睦贝(Kurt Romberg)文"德属胶澳地区的政治和文化意义——政治理论亲历的篇章。"载《殖民地月刊》1914年第2期第49~70页, 这里为第65页。也见克莱斯勒(Kreissler)文, 载郭恒钰所编文集, 1986年版, 第11页以下诸页。

⑦"但决不可忽视, 德语是中国学生被我们吸引的手段。" 劳睦贝文第69页。

⑧劳睦贝文第66页。

1905年中国废除传统科举考试。这些由西方兴办的高等院校，通过纳入中国古典教育，与正在改革的中国教育体制合作，使其具有宣传示范效应。不过，由于一战爆发，这些雄心勃勃的计划只能在有限范围内实施。

福兰阁(Otto Franke)受阿尔弗雷德·冯·梯尔庇茨委托，为德华青岛特别高等专门学堂[①]制订教学计划。1909年通过了建校报告[②]。

除高等学堂外，还建立了一所六年制预科学校。由于很少学生受过预备教育，学校不得不“把自己培养生员作为当务之急”[③]。高级班即高等专业学堂，设四个系：首先设立政治科学系和工程系[④]，这两个科系要比计划另外设置的医学和农林系更紧迫[⑤]。高等学校内部禁止任何形式的宗教宣传[⑥]，该校曾被描绘成“在中国实现官方文化努力的皇冠”[⑦]。1914年11月日军攻陷青岛后该校关闭。直到关闭前，青岛特别高等专门学堂尚未给各系高级班制订一套标准教学计划。

青岛特别高等专门学堂于1909年10月25日正式成立，起初被暂时安置在原野战炮兵营房中[⑧]，当时该兵营位于今太平路城外的西南延长线上。约1900年起该地区将一

---

①见克莱斯勒文第14页，1986年版。

②“该校将具有中国皇家高等学堂的地位和优先权，但要专门安排并只能由德国人领导。中国政府向其提供资助，由它分派学生，监督中国文学教学，并在毕业考试后授予中国学位……除设有欧洲课程外还有平行的中国课程，中国政府对此保有一定控制。中国通过受过现代教育的年轻人所积累的往往是令人不愉快的经验，担忧对自己语言和文学以及国家文化特别知识方面评价下降，使这种控制尤显必要。无论从德国还是中国的立场看，都不希望年轻人的身心成长疏远自己的国家和文化。相反，男孩应被教育爱国和忠于职守，此外，他们也应学会理解德国的精神生活，对德国特质有好感，很遗憾这一点正是中国缺少的。”1909年度《胶澳发展备忘录》第11页以下各页。也见1986年克莱斯勒文第15页和弗里茨·魏尔特海默(Fritz Wertheimer)文《德国的功绩和在华使命》，柏林1913年版，第118～120页。

③1909年度《胶澳发展备忘录》第11页。为初级班的五个年级规定了以下课程：德语、历史、地理、数学、植物学、动物学、物理学、化学、绘画、速写、体操、唱歌、逻辑学、文字(汉字书法)、语法、句子结构、古典文学、哲学、历史、地理、文学、标准汉语(国语)。参见“1911年的胶澳地区”一文第8页。

④“该校设四个系，用3~5年把年轻人培养成医生、工程师、行政官员、林业人员或农业技术人员。工科专业包括机器制造、房屋建筑、铁路修建、电工和矿业。”G.郭尔特伯格(G.Goldberg)文“胶澳地区属于德意志帝国期间的技术发展”，载《殖民地政策、殖民地法律和殖民地经济杂志》1910年第8期第587～599页，这里为591页。

⑤1909年10月25日成立这所青岛大学时，上海已有一所德国医科学校(同济)。

⑥参见克莱斯勒1956年文第15页。

⑦劳睦贝文第65页。

⑧从前的军官宿舍用作学校，旧士兵营房则被用作学生公寓。参见郭尔特伯格文第591页。

条海岸大街辟作别墅林荫道，为大型空间拓展提供了可能[①]。野战炮兵营房部分建筑被陆续拆除[②]，部分被改建并暂时继续使用，规定所有新建建筑均建于前营房位置。这也影响到宿舍布局。按照中方理念，所有大学生都必须在高等学堂校园内住宿[③]。

青岛特别高等专门学堂的整个建筑群规划于1909年初[④]确定，所有设计均由青岛城建局负责。城建局长施特拉塞(Strasser)批准帝国海军部1909年8月的上报方案，他很可能是整个建筑群的建筑师。学生公寓最早动工，其余主要建筑约两年后才破土动工。

(1) 主要建筑连同礼堂和翻译办公室

主要建筑(主楼)连同礼堂和翻译办公室建于1911年春[⑤]至1913年夏期间；1913年秋礼堂建成[⑥]。1909年便已开始设计，但本身存在许多问题，“需要特别仔细地研究”[⑦]。这或许仅涉及外部造型[⑧](图5-1)。

这座横向展开的两层高主楼建筑毛石基座高大，楼内设有教学和管理用房。主入口位于中央，侧楼平面方形，两边连接翼楼，对称置于横向展开建筑两侧。礼堂在东侧，其尽头是北侧的一层凸出部分。除了建筑核心部分为复折屋顶外，其他部分均采用四坡屋顶。

主立面面朝大海，除基座外，立面统一抹灰。主入口位于中轴线上，拱形毛石门套。立面中部三角山墙略高于檐口。毛石窗台。除阁楼三联窗外，其他南立面窗石材窗套。

礼堂侧房外立面造型相对更奢华。东西向各跨因外墙支柱向外凸出，支柱除基座区外直到窗台高度以上砌筑毛石，上端以天然石制滴水石封住。除北面入口外，侧房在西边另有一入口建在前面，大门上端山墙砌筑有部分不规则错位石块；相反，窗楣

①在地块西边界上至迟从1913年开始规划建设教学医院。参见BAMA RM3 7001-147。

②、③“(原)建筑的一部分后来在新建校舍范围内根据用途继续使用。”1910年度《胶澳发展备忘录》第55页。

④1909年7月在青岛设计的德华特别高等专门学堂平面设计初步草案于1909年8月呈交帝国海军部审查。参见BAMA RM3 7004-40。住宿公寓和学生宿舍按照设计中的登记内容建成。主楼再往北更靠近住宿公寓而建。后勤楼以北预计另有两座住宿公寓，作为将来可能的扩建。同上。设计于1910年10月经帝国海军部审批通过。

⑤参见BAMA RM3 6818-67(未付印的1910/1911年度《胶澳发展备忘录》的草稿)。

⑥参见BAMA RM3 6820-135(未付印的1912/1913年度《胶澳发展备忘录》的草稿)。

⑦BAMA RM3 6817-96(未付印的1909/10年度《胶澳发展备忘录》的草稿)。

⑧建筑施工平面图与1909年帝国海军部审批的设计相符。只是其在高等学校地块内的位置做了变动。当然这可能并非推迟开工这么久的理由。同样，后来建成的这座毫无装饰的建筑也并不需要特别长时间的设计。

图5-1 青岛特别高等专门学堂带礼堂和译书局的主楼西南向视图(1913)

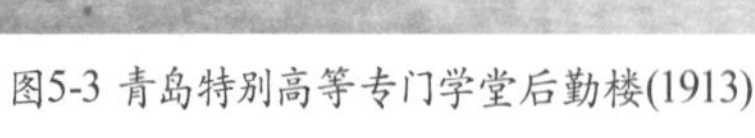

图5-3 青岛特别高等专门学堂后勤楼(1913)

图5-2 青岛特别高等专门学堂第一座寄宿生楼(1910)，左为正在建设中的第二座寄宿楼(1910)

则表面平滑。西立面南端另一入口同样因天然石造型而倍显突出，虽然其盖顶也许并非原始构件。礼堂侧房毛石立面造型，如总督府第二所学校或总督官邸的情况一样。与主建筑南立面的朴素效果形成对比。

(2) 学生宿舍楼

1909年底兴建了第一所学生公寓[①]；1910年交付使用(图5-2)。第二座建于1910-1911年间[②]。这两座建筑均为两层，造型简单，开窗均匀，平面近方形，带方形内院，两座建筑各有供63名学生使用的双人间和供中国教师住宿的公寓，均通过木制外廊连接[③]。这一点类似于在大鲍岛和台东镇常见的有内院的中式建筑："从其内部设施看，这两栋公寓考虑了中国人的习惯，但同时也满足了德国人对居住卫生的要求。"[④]除了到底层窗台高的基座毛石墙外，两座建筑立面均统一抹灰。南立面都各有一个对称的、略微凸出的三跨中央凸出部分，在此有入口大门，三角山墙高于屋檐线位置。

这两座宿舍楼以简化形式继承了教学楼南立面的造型，层高也大大降低[⑤]。

(3) 后勤楼

这座建筑1911年建于两座宿舍楼之间[⑥]，略向北偏，仅一层[⑦]，平面对称，包含厨房和餐厅。外墙毛石一直铺到窗台高度，南立面与宿舍楼类似，非常朴素(图5-3)。

青岛特别高等专门学堂新建建筑整体布局严格对称，统一实用。以当时的标准，"简朴但实用"[⑧]。场地里大面积绿化非常引人注目：最初在建筑之间规划大片空地一方面出于卫生考虑，另一方面也使学校非常气派。不过，这一点却与单体建筑朴实的风格相背。因学校纳入兵营建筑，且1914年后大量改建，现已无法辨认当年的规划。

主楼建设以简单和实用功能为导向，采用一种普遍适用的行政或学校建筑类型，这种类型已用于第二所总督府学校的建设。这里建筑的比例更清晰、横向伸展和适度装饰。在结构和对(粗琢方石)毛石的处理方面，也采用了青岛常见形式，这些要素集合在一起使建筑极具地方特色。天然石窗框，通过与毛石形成对照，以极其严格的排列顺序，强调了建筑朴实无华、纪念性特点，并赋予它一定的现代风格。

礼堂扩建在主楼迁入后才完工，与主楼的对称布局和肃穆设计对比鲜明。礼堂形式，因未明确参考青岛其他公有建筑，使其从整个建筑群中脱颖而出，但并未影响学校建筑群整体效果：无论是在校外还是进入校内，人们都会感到整个建筑群被主楼南面的朴素造型所主导。侧房的如画效果只有在主楼背后的校园区域才能被发现。因此，礼堂扩建更应被看作是一种附加的"非计划"补充。联系上述对主楼设计的大量修改，加之侧房造型，主楼南立面最初本应设计得更有代表性，但因资金缺乏而未能实施。不过这些都是猜测，不能确定。

宿舍和后勤楼设计也符合简单的理念。按中国政府专门为中国师生建造的宿舍要求，在内院设计中可看到对大鲍岛商住建筑庭院的参考。这符合中式住房的要求，这种带院子的宿舍在德国并不常见。但从外面看不出中国元素融入。

这个基于文化帝国主义的思想，雄心勃勃的新开发项目，在建筑方面成为一个现代、简单、需求导向的学校建筑样板。与青岛早期中国学生的学校项目不同，以前，中式建筑的形式被纳入原本简单的西方结构中，从而体现对中国学生的包容性。在德华青岛特别高等专门学堂宿舍布局中，中国人的住房需求被置于一个纯粹的西方建筑形式中。除礼堂外，没有任何其他代表性建筑能代表租借地政权或这一雄心勃勃的项目。建筑物外观简单和直截了当，在设计方面颇具突破性。然而，或许要归咎于资金有限。

2. 胶澳皇家法院楼(1912.5 ~ 1914.4)

这座建筑临街一面保存完好，一直用作法院；原先的房间布置应保留下来[⑨](图5-4)。

---

①参见1910年度《胶澳发展备忘录》第55页。

②参见BAMA RM3 6817-97(未付印的1909/10年度《胶澳发展备忘录》草稿)和BAMA RM3 6818-67(未付印的1910/11年度《胶澳发展备忘录》草稿)。

③参见"1910年的胶澳地区"(代替发展备忘录)，青岛1911年出版，第3页。

④乌特曼著作第15页。

⑤很可能，教学楼以北今日尚存建筑是原先西边的那座学生宿舍楼，不过已大大改扩建。它比原先的建筑宽大得多，山墙形式是新的，与原来的不符。

⑥参见BAMA RM3 6817-97(未付印的1909/10年度《胶澳发展备忘录》草稿)和BAMA RM3 6818-67(未付印的1910/11年度《胶澳发展备忘录》的草稿)。

⑦参见BAMA RM3 6818-67(未付印的1910/11年度《胶澳发展备忘录》草稿)。

⑧魏尔特海默(Wertheimer)著作第119页。

⑨楼层平面图不存，此建筑不能进入。

图5-4 胶澳皇家法院楼东北向视图(2016)

皇家法院楼[①]是租借地受总督府委托而建的最后一座大型行政办公楼，1912～1914年间依照建筑师汉斯·菲特考(Hans Fittkau)[②]的设计方案建成。

1911年的初步方案规划了一座主楼，其中包含法院、州法院[③]和总值勤室及欧人监狱的军事法院[④]。由于其在总督府广场位置，以及沿德县路和湖南路的侧房，它必须对以总督府办公大楼建筑为主导的广场造型，以及连接广场街道的乡村别墅式建筑[⑤]做出呼应。该建筑1912年5月开工[⑥]，1914年春完工[⑦]。

这座两层建筑未采用总督府办公大楼的对称性，而是采用住宅形式，同时考虑山坡位置；从位于湖南路街角的核心建筑开始，该建筑上层是一审判大厅，一个侧翼略退后，并以较低的檐高向总督府办公大楼方向延伸，并以一教堂半圆形后殿式终端结束。末端在朝向总督府广场位置添加一带连拱廊和独立屋顶的小法院。沿德县路，有一带高耸复折屋顶单层附加楼，并过渡到该处乡村别墅风格建筑。在湖南路一侧，核心建筑由一类似东翼的翼楼连接，远离街道，被归入凸出的山墙部分。在西边，建筑终止于一防火墙，从该处有一单层侧房向北伸出。与建筑组合情况相呼应，屋顶景观也由各种形式变化的复折式屋顶构成。

整个建筑立面抹灰；基座按不同宽度位置铺设毛石，在核心建筑上一直铺到窗拱的拱墩位置。核心建筑东立面南边造型特别：底层圆窗花岗石窗套，上砌毛石。主入口直接嵌入核心建筑东侧这排窗户内。上层基本为矩形窗，花岗岩窗框，玻璃窗板嵌入框中相对较深，以避免室内阳光直射。毛石外框耗费颇大，但装饰作用重要，在造型上，使法院建筑显得异常坚固和厚重。在南、东向侧翼立面上，两个楼层窗户均简化为相同造型；窗框和划分均未采用预定形式。朝向德县路的窗户造型不再讲究。

法院的多样外观基于特定立面造型和分组。法院功能只是通过东侧类似法院的连拱廊或南侧法庭大厅的特殊布置暗示出来；但这些暗示并不明确。仅在建筑北边与该地区传统建筑相连接，表明将建筑融入城市环境的基本要求。为了不造成影响，或与总督府办公大楼形成竞争，不对称的平面和立面形成非常独特的整体效果，一眼就能看出是一个行政建筑，但很难认出是一个“法院建筑的模板”。

更具代表性的外观是南边，远离总督府办公大楼，以免与之形成竞争。此外，在北侧靠近总督府的地方，建筑更封闭和低矮。

这种编组与空间需求相矛盾，从北面小建筑与南边大建筑的连接不当上可以看出这一点。

①对于分别为中国人和欧人制定的法律，请见引言部分：单维廉文第71~75页，1912年版；以及1899年度《胶澳发展备忘录》第15页以下各页。对欧洲居民适用领事裁判权，二审对青岛来说直至1907年前裁判权在上海的总领事馆手中。自1908年1月1日起，青岛才有了承担此职能的州法院。以后更高的审判则归帝国法院。参见单维廉文第75页。另见：奥托•豪沃尔曼(Otto Hövermann)文《胶澳地区。行政和司法权》，1914年蒂宾根出版(1913年波恩大学的法学博士论文)；有关租借地的法律特点请见：谋乐(Mohr)文，1911年版；奥托•普莱尔(Otto Preyer)文《胶澳保护区地产的法律情况》，波恩1906年出版(弗赖堡大学1905年法学博士论文)第9~15页；关键词“胶澳地区”，载施滕格尔-弗莱施曼(Stengel-Fleischmann)所编著的《德国国家和行政法词典》，1913年蒂宾根出版，第507页。

②参见华纳书第214页。

③胶澳租借地享有德国国内州一级行政待遇。——编者注

④参见BAMA RM3 6818-68(未付印的1910/11年度《胶澳发展备忘录》草稿)。

⑤法院大楼以北通到总督府广场为止的德县路，完全预定用于建设知名乡村别墅；为南面的湖南路，在北侧计划建设混合建筑。至今，沿湖南路北侧仍保留孤立的房子；也见总督府诉讼卷宗(BAMA RM3 7002)，这些卷宗中有大量湖南路与法院大楼相邻地块所有人对法院大楼冲着其房子建高防火墙隔离的起诉。

⑥参见BAMA RM3 6819-120(未付印的1911/12年度《胶澳发展备忘录》草稿)。很显然，只是在开工建设后才发现有关该地块的困难，例如未预见到需要那么多岩石爆破作业和需要建一3.5米高围墙。见上。

⑦参见BAMA RM3 6820-160(未付印的1912/13年度《胶澳发展备忘录》草稿)。

3. 小 结

总督府最后两项主要建筑任务，初步结束了租借地行政当局建造建筑物的计划，与当时的城市规模相比，规模极为庞大。就像早期的国家建筑，其规模是为了城市进一步发展。在造型设计中，法院呼应了已建成的总督府；通过使用不加修饰的、粗犷的建筑形式，形成巨大而厚重的效果。尽管有各种侧房，而且由于受到位置限制，外部设计不对称，为避免与总督府竞争，在该建筑造型中，没有依赖某种类型；相反，其设计以其特定位置和特殊背景为依据。

相比之下，之前德华大学的建筑是独立的，无须根据既有的建筑进行改造。行政楼的占地明显偏宽，遮挡了其他学校建筑的视线，这也主要是因为由粗大窗框支撑的立方体比例。与严格的对称性相反，北侧扩建了一个带礼堂的大厅，这也使原本统一抹灰的建筑在外观设计上与众不同：纯粹素雅的南立面与大量花岗岩装饰对比鲜明，这在青岛的许多建筑中都可以看到。因此，扩建部分不仅从与其直接相连的主楼中脱颖而出，而且也从外观平常的寄宿学校和商业建筑中脱颖而出。它们借鉴中国建筑风格，开辟单个房间庭院，这些并没有体现在外部，只针对居住在此的中国学生的内部生活区。

四、私人建筑

1. 住 宅[①]

(1)广西路上的西姆森住宅(在齐默尔曼房子旁)(1912年前)[②]

该建筑现用作住宅，外观保存完好(图5-5)。

这座外观庄重的住宅楼位于广西路，对面是宽敞的德华银行区。建筑东北部是一个独立后勤服务建筑。

建筑体量为双层立方体，上层有集成连拱廊，平面近方形。复折屋顶；现状屋顶窗系后来加建。入口位于房屋东侧一不显眼位置，造型简单。建筑立面完全抹灰；除连拱廊造型略有偏差，立面造型基本对称。南立面最重要造型特点是有一圆形凸出部

图5-5 广西路7号西姆森住宅东南向视图(1910)

分，由四根有镶面的普通圆柱构成，使建筑具有一定的庄严肃穆感。这种近乎古典主义的效果与不同形状窗户的不规则排列形成对比。

(2)美国领事馆(1911/1912前后)

该建筑保存完好，现为银行幼儿园，整个外廊用窗户封上，以便获得一个新房间。北侧另加了几间侧房(图5-6)。

这座建筑建于1911—1912年前后，高两层，按建筑师施奈德(Schneider)[③]的设计方案建造，原为住房，之后不久便成为美国领事馆址，位于今沂水路北侧，斜对从前大公园内的基督教堂(图5-7)。

核心建筑南向设有多处外廊，向东有两间侧房逐级退后，用作后勤。主入口在南侧，穿过开放的前室到达侧面风挡用的接待室，从这里进入中央大厅，大厅内有楼梯

①由于大范围拆除和建筑物的变动，缺乏当时的照片资料，将不探讨安徽路和德县路南侧后来建的建筑。

②1912年2月围绕总督府广场地区的平面图见BAMA RM3 7002。

③参见M.黑伦(M.Heeren)文《青岛的独立住宅》，载DBh19/20期(1915)第160～164页，这里为164页。

图5-6 美国领事馆(1912)

图5-7 美国领事馆南向视图(2016)

通往楼上。北部接房间过道[①]，其后西边为起居室和接待室。从过道向北有阳台，向南有一间暖房。过道以东是大餐厅，其后为餐具室和后勤服务房，有厨房冲洗间、加工室和食物贮藏室。餐室以北有一过道可通另外一处后勤服务房，包括洗手间和一间职工房间。楼上有私人卧室、淋浴间和一间客房，在后勤服务房中也有淋浴间和一间大房间供职工住宿。值得注意的是，可能所有佣人都被安置在住宅内；辅助建筑用途，目前一无所知[②]。

该建筑有一复折四坡屋顶，屋顶下部轻微弧形折线略陡。两间附属后勤服务用房高度逐层递减，东侧为山墙硬山顶。

建筑立面抹灰，南立面原先几乎由外廊贯通。整个立面中央部

①两个楼层的平面图载于DBh19/20期(1915)。

②值得注意的是，黑伦写道："使用非白人的仆人，要求与住宅的后勤服务部分更严格分开，然而根据实际情况这种分开即使在德国近来也越来越习以为常了，以致这里无须采取其他重大措施。"见黑伦文第160页。就青岛当地的情况而言，主要是在楼上私人房间就近安置中国仆人居住倒是不寻常的；多数住宅都配有专供中国人居住的附属建筑，以免使其与主人居住于同一屋檐下。因此，黑伦的阐述是歪曲的，很可能也有宣传性质。

图5-8 法院楼和明水路间的德县路住宅东南向视图(1913)

图5-9 南向视图(2016)

分稍凸出，形成一座巴洛克式山墙结构，入口在底层。山墙西边是接待室前厅，以东是餐室，接有大窗扇封闭式外廊暖房。楼上外廊沿整个立面横向伸展。与底层用来支撑阳台和温室的凿石镶面柱子相比，上层角落支柱在设计上更复杂：由四根小圆柱构成束柱，花萼形柱头，饰线性图案。

这栋房子实现了一种与高档住宅理念相对应的别

墅类型[1]。由于气候原因，南立面建有大面积外廊。这些外廊没有过多装饰元素，按照当时的文献可将其认定为“殖民地建筑风格”[2]。尽管如此，也只能将其看作是一种地方式变种，并未采纳“舶来式”的结构造型。这也是1910年左右青岛地方建筑的普遍特征。

(3)德县路法院楼和明水路之间住宅(1912/1913)

这座房子现用作住宅，外部保存很好(图5-8、图5-9)。

该建筑建成于1913年[3]，高两层，楼体呈不规则形式。南面有一两层外廊，底层东北角有一封闭连拱廊，其上方阳台稍退后于建筑线。建筑以南有单层辅助建筑，用途不详，也许是一座住宅，但因其规模，很可能是为多个家庭共同使用而设计[4]。

建筑立面抹灰，底座镶有规则的花岗石面。北边和西边分别以德县路和明水路为界，主立面向东经胶澳皇家法院地段指向总督府广场[5]。东立面造型对称，中央有一凸出曲面山墙。西北角山墙上也同样设计。北侧连拱廊从一开始便以窗封住，由一半圆拱隔开，半圆拱券砌筑一层毛石，并在墙角上嵌有单块方石。连拱廊可从总督府广场清晰看到，给建筑增添了如画效果。气候因素影响在设计中是次要的；作为主立面的风景元素，视觉效果更重要。主入口位于西立面，该立面无装饰，开窗方式也不统一，显示了其从属地位。

(4)德县路北侧住宅(“红色别墅”)(1912/1913前后)

该建筑外观仍保存完好，青岛市卫生局国际旅行者艾滋病和性病信息办公室设于此。

这座两层住宅位于德县路北侧，建于1912/13年前后[6]。原房主不详。建筑平面近方形，入口在西南方向。面对德县路，有独立雨棚，雨棚上是二楼阳台。南侧二层连拱廊。通体抹灰，外立面从地面到一层窗台位置，砌筑毛石。南侧檐口上有一弧形低矮山墙，在其底层有一落地凸窗。复折屋顶，弯折处很陡。除南立面山墙和凸出部分稍显轻松外，建筑外观宏伟、厚重，立面划分增强了其效果。难以判定如今的灰浆颜色是否与当年相符(图5-10)。

(5)湖南路/总督府广场住宅(“卡茨客栈”)[7](1913/1914年前后)

图5-10 德县路北住宅南向视图(2016)

这座楼房外观保存良好，用作住宅和办公(图5-11)。

该建筑建于1913—1914年前后[⑧]，位于青岛路以南湖南路上，正对总督府办公大楼和法院大楼。平面近方形，核心建筑东北侧伸展呈圆形，北边和东边稍向后移。西

①黑伦还写道："它的出现符合我们郊区富人舒适住房的情况……房子整个设施特别舒适和结实耐用，并且除了难以看清楚的老房子［指皇家法官盖尔普克的住房］外，它最好展示了我们的居住建筑艺术即使是在租借地也已取得的进步。在建住房时我们相当严格保持了当地的居住风俗习惯，因为气候与欧洲并无太大差异，即使对比更强一些，过渡更大一些。"见黑伦著作第160页。

②"置于整个正面前的外廊使我们想到殖民地的建筑方式，这些外廊可免使房间受中国沿海各种气候影响。"Bod."如果我们希望尚未竣工花园中的绿化保持完美，则我们在这所房子中就展示了德国殖民地建筑艺术的一个极好例子。"(同上)。

③在日期为1913年10月的照片档案BAKoB2424(胶澳地区照片档案)中，这座楼正好完工。

④用作如相邻的路德公寓一样的家庭公寓，即使从与建此楼时已有的其东边相接的皇家法院综合楼根据用途的直接关系同样是可能的。今天以沿德县路向北延长的侧楼形式的空间分离，当时尚不存在。

⑤这个对着总督府广场的视轴，因法院辅楼北面扩建，现已不存。

⑥在摄于1910年的一张德县路的照片(BAKoB2372)上，看不到这座楼。然而在拍摄于1914年11月前的一张照片(见慕尼黑巴伐利亚州立图书馆纽康甫遗赠)上已有这座楼了。参见BSB ANA 517 Nachlaß Neukampf.Album der Firma F.H.Schmidt。

⑦徐等人的文章引用保存在青岛的这座建筑的一份设计图，图上标注的业主为卡茨(Katz)先生。另外该处附有"卡茨先生酒店"的用途标注。参见徐等人文章第45页。是否这座建筑真的做了酒店，无法深究了，然而我们宁可信其无。

⑧在1912年2月出版的总督府广场周围地籍册图上这座建筑尚未绘入，这块地皮尚为国家所有。参见BAMA RM 37002(法院设计图)。在日本军队占领青岛后不久拍摄的一幅照片上却可以看到该建筑。参见BBKT 392 T 4-1(1914年日德战争阵亡者相集)。

图5-11 湖南路/总督府广场的住房北向视图(左,2016)、南向视图

侧有一辅助体块高两层，下设入口，延伸到街区边缘，由西向东形成从沿街建筑到“乡村别墅”的过渡，该乡村别墅”规划围绕总督府地块而建。除两个普通楼层外，还有一个相当高的阁楼层。

建筑立面均匀抹浆，均匀设窗。向北至总督府广场，在核心建筑檐口上有一巴洛克式弧形山墙，内部结构无法辨认。南面两山墙置于中央两侧，两个楼层中央各有一半圆拱外廊。向东为外廊——阳台结构。建筑师通过恢复传统形式和比例设计，成功创造了从街区边缘到独立建筑的过渡。首先是北侧厚实的山墙，直冲总督府并使建筑与街区边缘逐渐脱开，衬托出总督广场的位置和总督府建筑本身。对于从广西路清晰可见的南侧造型而言，同样依藉山墙、轴线构成简单组团。

(6)齐默尔曼夫人别墅(Villa Frau Zimmermann，最早为1912年)

该建筑现仍用作住房，外表保存很好(图5-12)。

这座住宅由齐默尔曼夫人于1912年后建造①，位于总督府下方，广西路与青岛路交会处。建筑体的核心向南对着广西路立面上有一凸出山墙状凸出部分。西侧连接一座塔楼、东侧是一两层封闭连拱廊-外廊结构。向西对着青岛路另有一凸出山墙立

图5-12 齐默尔曼夫人别墅东南向视图(1939)

①这座房子1912年尚未见诸地籍册，此时这块地皮属于齐麦尔曼夫人。参见BAMA RM3 7002(总督府广场平面图)。

面，建筑入口在凸出位置南墙上，如此构成一个美观的非对称建筑体。

南立面效果通过巴洛克式弧形轮廓大山墙展现出来。建筑北面另有一入口，其后是楼梯间。出于气候考虑，北面开窗面积比南面小。立面统一抹灰，花岗石窗台。除西侧和南侧山墙内两层薄薄的灰泥喷涂外，再无其他装饰。

窗户分布均匀，房间应为线状排列。

该建筑是典型乡间别墅的移植，因为在1912年前后德国郊区也有相同的别墅类型。建筑平面布局应更倾向于理性和功能要求，与外部设计形成对比，进而使建筑体块呈现一种非对称效果。

(7)火车站和青岛特别高等专门学堂间今太平路西部延长段两座住房(1913年前后)

这两座建筑统一抹灰，现仍用作住宅(图5-13)。

这两座住宅建于1913年前后[①]，位于贵州路(从前的皇储海岸大街)，即栈桥以西，太平路西部延长段上，处于废弃营房建筑和在建德华青岛特别高等专门学堂之间。它们或许准备用于出租。

这两座两层建筑造型简单，坐落于高大的毛石基座上，附带花园。面向南。其立面对着贵州路，建筑线并不统一。对北部的建筑，向南加有一挑楼式凸出一半圆体块，其上方在二楼高从前也许是一个阳台。

(8)今江苏路东侧两座住宅(1914年前后)

这两座建筑现为集合住宅，供几个家庭使用。立面造型和房间排布都有很大改动。

这两座住宅，高两层，位于江苏路东侧、在湖南路和广西路之间，也许建成于1914年前后[②](图5-14)。

位于广西路街角北侧的建筑，平面近方形，各立面均有凸出体块。底层西南角有

①参见BAMA RM3 7001 147德华青岛特别高等专门学堂平面图上的登记。该处称Marg.Li夫人为地皮所有者。据称1912年后她在青岛东部买下若干楼房，所以也会将这些房子用来转租。这时中国人可能也可以住在从前的欧人城区了。这些新建房子的房间布置是否考虑适合中国人的居住理念，尚不曾得到验证。

②这两楼可从一张日本占领(青岛)后大概1914年年底拍的全景照片上看到。参见BBKT 392 T4-1(1914年日德战争阵亡者相册)。也见徐飞鹏等人著作第60页。除了这些建筑是德国殖民时期建成的注解外，这里还标有当时居住者的名字(E.J.Cooke和T.S.Marshall)。是否指的是1914年11月前那个时间则说不清。很遗憾这条信息并未标出来源。

图5-13 太平路67号德式建筑(左,2008)太平路75号住宅(右,2008)

图5-14 江苏路东住房西南向视图(2016)

一凸窗，其上方是覆顶外廊。东北侧接带车库的附属建筑。高大的基座全部砌筑粗糙毛石，尽管有边房，复折屋顶檐口高度仍保持一致。

湖南路街口以南的相邻住宅结构类似；基座以上有很大阳台，毛石砌围墙。

(9)今龙口路两座住宅(在基督教堂下边东南处，1914年)

经过扩建，这两座建筑已与原貌不符(图5-15)。

图5-15 龙口路(基督教堂下东南)住房，东向视图(2016)

这两座住宅，位于基督教堂下边的龙口路，一直用作住宅，原业主不详。日本军队占领时，北侧建筑已建成，南侧建筑尚搭着脚手架[①]。

这两座建筑均高两层，基座近方形，异常高大，因此其间地下室房间几乎都位于平地以上，主入口位于建筑第一层，可通过室外一处楼梯到达。在结实的立方体建筑上，在向街一侧加有挑楼式侧楼，各入口前有前室。除毛石基座外，两座楼立面统一抹灰。

(10) 小结

1911～1914年间建的大多住宅，造型方面均参照1910年前后建成的新式住房：建筑体量坚实，仅在特殊情况下另加有侧房。从更早期的建筑中很难找到直接样板，不过可以看出这些建筑参照德国同时期建筑的痕迹。在总督府南边建筑中看到的是按建筑牢固程度分组：齐默尔曼夫人住宅以一种克制的如画方式组合体块，卡茨住宅的建筑师则利用体块组合从沿街建筑过渡到独立住宅。在1911～1914年期间及更早建造的一些住宅建筑中可以看到集成在建筑体中的连拱廊，这些连拱廊被看作地方特色，即青岛特有的建筑元素，正如黑伦对美国领事馆建筑的评论。其特殊性并不在于拱廊本身——这在德国也有——而在于上述时期内几乎所有住宅建筑中都使用了连拱廊这个元素。

2. 商业用房

(1)侯爵饭店(1911)

这座建筑保存完好并重新抹灰，仅原塔楼顶不存。现用作公安派出所(图5-16、图5-17)。

侯爵饭店于1911年6月11日开业，由保尔•弗里德利希•里希特受保尔•达克塞(Paul Dachsel)委托所建[②]。这座两层建筑位于浙江路与广西路交汇处，不同于沿广西路的其他建筑，退后街道较远，略显孤立。

建筑主体部分位于西南角，平面近方形，内接圆角塔楼，与广西路平行，最东侧接一退后较远侧翼。圆角塔楼仅为外装饰元素，内部空间矩形，未采用塔楼的圆形平面。塔楼有独立塔顶与复折屋顶相交。在角塔楼穿过的复折屋顶下，有阁楼层安置客房。

从地面到一层窗台位置墙面砌筑毛石；其余部分抹灰；建筑各角嵌有大小不一角

图5-16 侯爵饭店南向视图(1914)

图5-17 侯爵饭店西南向视图(2016)

①参见BBKT 392 T4-1《1914年日德战争阵亡者相册》。

②所有资料均来源于波恩的马维立教授。

隅石。南立面为主立面，朝向广西路，被特别设计：塔楼区域内底层用柱式窗间墙，设计精心细。带波纹饰的立方体柱身与柱头，由整块石头雕成。继续往前，底层由半圆柱划分，这些半圆柱上部分两边为螺形支柱，支撑装饰宽大栏杆的水平线脚。一层南侧中间房间装有整体窗栏，位于建筑线后，形成一圆形母题，丰富了建筑西南角的形式，从内里空间看给人一个凸肚窗的印象。其上方楼层中有一连拱廊；上述护栏水平线脚，也环绕塔楼，呈现一个环绕的阳台护栏。

不像海滨浴场的沙滩宾馆，而像一座乡村客栈，这座建筑未采用青岛已有的宾馆建筑形式。通过建筑间的少许组团和角部塔楼的使用，达到如画效果。不过，高大的屋顶和统一的建筑线条又在一定程度上削弱了这种效果。

(2)亨利亲王饭店扩建项目(“短期客房”)(1911-1912)

这座楼现仍用作宾馆，立面和底层房间布置改动很大(图5-18)。

1911年秋[①]亨利亲王饭店开始扩建，1912年6月举行落成典礼。施工为保尔·弗里德利希·李兮德公司[②]。这座三层建筑用作东侧饭店的客房楼，通过过道相连。

图5-18 亨利亲王饭店扩建(客房)南向视图(2016)

南立面设计了大量窗户，结构对称[③]，立面通过暗示式巨柱划分，柱础设在毛石基座层上。建筑中央是一带弧形山墙的凸出墙面，底层是入口，当年精心设计的入口区已不存在。第三层两端各有一外廊式阳台。

建筑南面严格的立面网格被竖向划分强化，门窗和弧形山墙在一定程度上弱化了网格感。同亨利亲王饭店主楼相比，这座建筑因采用新古典主义建筑形式而更加庄重。

(3)吉利洋行商住楼(1911-1912)

这座建筑1991年拆除(图5-19)。

该三层商住楼建于1911年，由保尔·弗里德利希·里希特设计[④]，底层为吉利

图5-19 吉利洋行商住楼(1911-1912)

①目前在日本东京大学亚洲建筑研究所档案中尚存有部分设计图的老照片。这些图纸显示有立面正视图、山墙细部和一花费颇奢且不以此形式直接接在主楼上的情况。上边标注日期为1911年8月。这些照片因其质量很差，许多造型细节已难以辨认。

②同上；华纳说保尔·弗里德利希·里希特为一建筑师，然而从上述引用文件中看不出这一点。见华纳书第272页。

③据推测，该处曾部分有外廊。既非老照片也非已变化很大的现状可明确证明这一点。

④参见徐飞鹏等人著作的第42页。

(Max Grill)百货公司，位于邮局斜对面，广西路与安徽路交界处。

这座建筑沿街立面抹灰，墙面竖向凸出一块，划分为不等宽区域，一层窗台以下花岗石饰面，饰面以上灰浆面。根据开间宽度，所有楼层成对窗户宽度都不同。主入口位于东北角；带楼梯间的另一入口位于北立面。屋顶是该建筑的一个特色：小的复折屋顶仅在建筑北立面各角之上，由女儿墙连接，这些女儿墙在北侧被入口上方平拱山墙断开。

在沿广西路千篇一律的建筑中，建筑师为该商住楼设计了一个立面，轻巧活泼又富于韵律变换。在青岛当时已建成建筑中，尚无先例。房间布局则与其他商住建筑类似。

(4)安徽路和浙江路间广西路南侧商住楼(1913)

这座建筑1991年拆除(图5-20)。该矩形平面三层商住楼建于1913年[1]，位于广西路南侧，安徽路和浙江路之间，吉利百货商店西侧。

大面积三角山墙占据了北立面一半以上长度，山墙中央有稍凸出、无装饰垂直

图5-20 安徽路和浙江路间广西路南侧商住楼，西北向视图(1991)

图5-21 广西路街角浙江路东侧商住楼西北向视图(上，右侧中间建筑，1939)(下，1991)

壁柱，其下为主入口，主入口内为楼梯间。基座一直到一层窗台位置，外镶粗石面方石。基座以上立面统一抹灰并有秩序开窗。

坚实而简单的巨大建筑被其收敛、平坦的立面设计赋予了庄严特性。

(5)广西路街角浙江路东侧(路东)商住楼(1913—1914？)

这座建筑1991年拆除(图5-21)。

该商住楼建于1913年[②]，高三层，呈L形，长边向北，沿广西路走向，短边向西，沿浙江路走向。拐角处为圆形角楼，从楼体中轻微凸出。长边东侧中央有一三角山墙，形成一独立立面区域，其上为复折式屋顶，余下部分则覆以鞍式屋顶。此区域稍凸出，其他立面十分均匀，有统一檐口。建筑立面上部抹灰，下部镶有花岗岩毛石，两边从地面铺设到一层窗户半高位置，拐角处一直铺设到一层窗户上檐；二层窗台位置为一圈粗糙抹灰水平线脚。个别上下窗之间区域装饰有编织带纹样。立面上有规律的门窗设计表明了房间均匀分布。主入口位于广西路一边中间，上有一简单锐角三角山墙。

作为商住建筑，该建筑的立面并无特别代表性。立面结构清晰简单，采用了青岛广泛运用的花岗岩粗面石工处理。

①见《中国近代建筑总览•青岛篇》第43页。作者引用了完成于1912年12月的一幅图纸。

②见《中国近代建筑总览•青岛篇》第44页。作者虽指明标注日期为1912年12月的图纸，但却未加说明用了1914年才首次提及的情况。

(6)浙江路西侧(路西)广西路街角的商住楼(1913—1914？)

这座建筑外观保存很差(图5-22)。

在浙江路西侧，正对上一栋商住楼，是另一栋L形商住楼，两边长度大致相同，与街对面同类建筑基本相同，应属同一批次规划与建造的，仅在立面造型上略有差别：两边立面中央都有一弓形山墙，窗户被垂直线条隔开。建筑转角处楼上两层凸出圆角；一层位置，更像一扇凸肚窗。屋面统一为复折式屋顶。这座商住楼的造型，与浙江路对面的建筑几乎没区别。

(7)禅臣洋行(Siemssen & Co.)带住宅的办公兼银行建筑(1913—1914)

该商住楼如今在西侧和南侧有几处侧楼和扩建房，用作农业银行，建筑外观保完好。

该建筑位于上海路馆陶路交叉口的港口区一侧。其规划设计始于1913年初[①]。双

图5-22 广西路44号商住楼(2003)

层两翼，沿大街走向略微退后，1913/1914年之交完工[2]。与广西路上的商业楼不同，该处从前在建筑和大街之间设有门前花圃(图5-23)。

西侧三个入口中，靠北一个是从前汇丰银行青岛分行的银行区[3]，设有欧洲人和中国人的办事窗口，包括一个买办办公室，一个保险柜室和一个经理室，可以从院子进入。西侧和后院之间的连接区将银行与其他商业办公房间分开，这些房间可由南翼北侧中间通道到达。建筑西南角最大一间房间，从前是航运公司办事处，有单独入口。院内两个楼梯间可通往楼上。

禅臣洋行主立面朝向馆陶路，中央山墙呈弧形。入口在山墙内底层，可直达内院。银行分行和航运公司代理处两个入口造型相同，凸出部分，并不完全对称：它们高出地面，通过四级台阶到达，并有单独屋顶。入口门侧面分列有窗，使得凸出部分具有挡风门的特点。西立面和南立面交接通过折角逐渐过渡到圆角；其底层为折角形。在二层南立面，一排半圆柱身划分圆形窗户。阁楼层内有低矮窗带。南立面基本无装饰；北立面同样无装饰，只有粗略划分的模制大门门框，朝着院子方向。建筑立面统一涂抹灰泥，没有任何其他装饰。西边有一楼梯塔楼，南边二层有一轻微出挑的

图5-23 馆陶路5号禅臣洋行南向视图(左,1918)(右,2008)

①现存香港的汇丰银行一份1913年1月的设计图纸，再现了底层平面布局。参见AMB GHO 145/151。

②、③汇丰银行青岛分行开设于1914年1月30日；该日期差不多与这座楼完工日期相符。参见AMB香港银行档案，上海卷2/872。该银行此前借款65000银元给禅臣洋行用于新建商业楼，因此不得不在该处为该银行建设一座有单独入口的分行，月租250大洋。该银行分号在1914年11月日军占领青岛后依然存在。见1。为此我衷心感谢香港汇丰银行档案室Margaret Lee女士和伦敦英格兰银行档案室Sara Kinsey女士的友好帮助。

凸肚窗。

建筑造型最重要特点是放弃对各单体建筑构件进行重点设计，对应形式的粗犷，建筑呈现一种厚重且宏伟的整体效果。单个局部在形式上仍偶有变化，活泼了整座建筑，呈现一定的美学效果。

(8)东亚有限公司商住楼(？—1913？)

这座建筑外观保存完好，如今是若干市政机构办公所在地(图5-24)。

东亚有限公司的住宅和商业建筑[①]，建于1913年左右，位于馆陶路西侧，上海路路口以北，与禅臣洋行办公和银行楼相对。这栋L形两层建筑物也未紧贴街道，而是与道路相隔一定距离，以前可能还用栅栏围住。

建筑物L形两翼彼此呈直角，长度大致相同。主入口位于东面馆陶路一凸出山墙处，与主楼梯相邻。楼梯间窗户被大大拉长，形成两条细长窄窗；在山墙下有一保温窗。其余窗户均匀分布。建筑拐角处，上下楼层以前都有连拱廊。如今外墙表面均匀涂上灰泥；倾斜的窗台包有盖板。南翼上方的复折式屋顶高于东翼四坡屋顶，以容纳阁楼层。

这座商业建筑从实用出发，造型不追求富丽堂皇。最引人注目部分也就局限于凸出山墙，但也是标志出入口的区域，南翼立面造型也非常简单。

(9)中国皇家海关署(胶海关)(1913—1914年4月)

这座建筑外观保存良好，底层做了扩建。曾用作青岛海关办公楼(现已改为海关博物馆)(图5-25)。

租借地海关搬离兰山路的第一座办公楼后，在紧靠港口区入口，大港火车站附近，按照汉斯•菲特考(Hans Fittkau)和城建局长施特拉塞的设计新建了一座办公楼[②]。这座三层建筑平面矩形，东南边有凸出山墙。各层窗户均匀排列。花岗石窗台，建筑立面统一抹灰，毛石基座。凸出部分立面，垂直分为三块区域，也采用了其他立面的基本形式，只是上部窗户末端更细致，窗户更宽。山墙面轮廓与后面的复折式屋顶形状一致，三块区域内都有一对狭窄而低矮的窗户，中央区域顶端还嵌有一个时钟，在

图5-24 东亚有限公司东南向视图(2011)

图5-25 胶海关西向视图(左,1918)、南向视图(右,2016)

①参见徐飞鹏等著作第85页。然而他们未提供来源。更令人惊奇的是,他们也没有引用已有图纸,资料也许基于口头线索。然而作者说明的建成年代是可信的。
②参见华纳书第218页。

图5-26 大港邮局(1918)

其上下共有四扇小方窗。

建筑装饰较少，仅依靠高大坚实的楼体，呈现十分坚固的效果和强烈的水平基本构图。通过凸出山墙，建筑立面造型向中心集中，稍微抵消了一些建筑水平延展的效果。

(10)青岛大港邮局(1914年前后)

这座建筑已不存在(图5-26)。

此楼高两层，平面近方形[①]，向北有一座侧楼，从前位于港口区，具体位置不详。

大概在建筑东侧，朝向大街位置，门厅单层凸出，上饰三角山花，原有鞍形屋顶。入口两侧对称，旁列有窗组，各由三扇高耸窄窗构成。两个楼层间有线脚贯通，与上层窗户窗台下有重复装饰图案。在临街一侧——可能是东南角——有连拱廊，与临街立面的另两扇窗户一起，组成一个非对称结构。上覆复折式屋顶。立面抹灰，入口处有粗面方石，从两侧构成门框。

该建筑严格的立面结构使其呈现一种坚实庞大和封闭的效果。不对称窗户、上层连拱廊与单层侧房一起和建筑体量形成对比。连拱廊是对青岛当地建筑的借鉴，使用花岗岩毛石进行改造。说明它所借鉴的建筑类型是住宅，邮局的功能不从建筑形式上看出来；它也可能是邮政员工公寓。

(11) 小 结

1911～1914年期间建造的商业建筑显示出对城市的适应：广西路上的建筑都沿街建造，立面造型平面化，细部简单，朴实无华；太平路上的亨利亲王饭店客房楼因其突出的新古典主义外墙设计而引人注目，侧楼设计和尺寸具有明显的独立特征，没有试图去协调酒店主楼的风格。

欧人区的侯爵饭店和港口区诸多建筑，都从道路线后退一段距离；除了海关建筑，其他都为成角度的、非对称平面布局。丰富的建筑细节，展示了建筑的如画效果。

然而，这些建筑并未同步于世纪之交的青岛城市发展，而是自成一种简化和粗陋的形式，反而具有一种田园效果，与租借地城市的定位不甚相称。建于1914年的大港邮局接近住宅楼造型。由于缺乏其他现存案例，无法确认这种方案是否也适用于同期港口区的其他住宅和商业建筑。

五、其他建筑

1. 观象台 (1910.6 ~ 1912.1)

1914年后观象台仍在扩建，现保存良好(图5-27、图5-28)。

建造观象台的经费由帝国海军海外德国舰队协会提供[②]。设计和建设则由总督府负责，由政府建筑师亨利•舒备德实施。作为城建局职员，他已参与了毛奇兵营、军官俱乐部和其他私人建筑的规划和建设[③]。今观象山东部顶端被选作建设场地；为了

图5-27 青岛观象台西南向视图(1914)

图5-28 青岛观象台东南向视图(1915)

①按W•施米特和汉斯•魏尔纳编《德国在殖民地和在国外的邮政史》图题的名称，1939年莱比锡出版，第87页。

②参见BAMA RM3 6819 78(未付印的1911/1912年度《胶澳发展备忘录》草稿)。

③参见舒备德文，载《新中国》4(1995)第14页。当然不是说舒备德自己实施了设计。涉及为观象台建造楼梯，同一文献报道舒备德与其前任城建局长施特拉塞意见不同。施特拉塞虽然对设计有看法。在另一处还报道了有关项目的公开招标。参见1910年度《胶澳发展备忘录》第54页。然而这似乎不符合实际情况。

建设观象台，该处还需建设许多辅助设施。工程于1910年6月11日奠基[①]，1912年1月9日完工交付使用[②]。一座装有各种测量仪器的附属配楼早在1911年8月便交付使用；测量楼于1911年11月初交付使用[③]。公务住房在观象台落成时尚未开建。

这座建筑高三层，包括基座层和阁楼层，矩形平面。北侧和东侧入口区凸出建筑主体。塔楼起于北侧，为另两个较低楼层提供了空间。基座层设有两间钟表室、一间仪表室和两间机修室。底层有阅览室、仪表房、四间办公室、一间中国仆人房和一个洗手间。阁楼层有三间小寝室、一间档案室、一间阁楼间和一间浴室[④]。配合山上的地势，观象台的复折屋顶十分陡峭，侧面另加有四坡屋顶。

这座建筑小块毛石立面，部分石层已难以分辨。在屋檐下，还用石料标出楣梁、饰带和檐口。建筑非常敦实，四角铁塔般的锥形结构进一步强化了这一效果。与其他传统窗户形状相比，面向城区的南立面上三四扇狭长窗户一组，石材窗框与墙面对比，进一步强化了建筑敦实的堡垒特征。

塔楼顶部、入口门头饰上方、东边和北部附属建筑上都有清晰可见的雉堞，旨在传达一种强化的、类似城堡的意象。为了与其位于城市上方的位置保持一致，该建筑重视远观效果，加上城堡般的轮廓，使其具有了城市之冠的特征，因此人们都说它是这个年轻租借地的地标[⑤]。相比之下，该建筑精心的外部设计与其功能没有任何关系。

同样城堡式造型的信号台位于信号山上方，体量小且设计简单，世纪之交已建成，该建筑可能为城堡式观象台提供了直接的设计灵感。然而，信号台未被保存下来。

2. 青岛俱乐部(1910.5 ~ 1911.10)[⑥]

“青岛俱乐部”是一个按英国模式组织起来的青岛上层人士协会，于1911年10月正式成立，建筑设计者是罗克格，施工和装修工程则由总督官邸建筑师维尔纳•拉察洛维茨(Werner Lazarowicz)实施[⑦]。这座建筑位于中山路南段东侧，靠近太平路上一处优越位置——因建有小花园而稍向后退，从中山路南段进入(图5-29)。

这座建筑高两层，山墙西端建有窄小边房，大门朝南。楼梯间位于建筑中心，楼

图5-29 青岛俱乐部南向视图(上，1912)(下，2016)

①、②参见BAMA RM3 6817 78(未付印的1911/1912年度《胶澳发展备忘录》草稿)。
③、④参见BAMA RM3 6818 67(未付印的1910/1911年度《胶澳发展备忘录》草稿)。
⑤“这座花岗石建筑位于水山顶上，是年轻租借地的标志。” BAMA RM3 6819 78(未付印的1911/1912年度《胶澳发展备忘录》草稿)。
⑥按华纳书第262页的建成时间。
⑦按华纳书第262页的建成时间。在建成自己的楼房前，俱乐部一直设在亨利亲王大街嘉卑世洋行(Kabisch)的楼内。

层各房间由中间走廊连接，这些房间多为社交用途，如饭厅、吸烟室、台球房等[①]。底层走廊墙面铺彩色瓷瓦。楼梯间前有一壁炉，上部嵌有帝国鹰图案的金色马赛克。后勤服务房间、厨房及其附属用房，都设在地下室。

建筑立面抹灰。二层立面贯通一花岗岩水平线脚，齐平窗台位置，在视觉上扩大了下层高度；尽管上下房间高度几乎相同，但由于立面设计，上层看起来低矮得多，几乎像夹层。两层门窗设计几乎一致。上层西南角有一连拱廊。南面凸出的代表性山墙被特别强调，其前方底层有凸出圆柱大厅，大厅上方从前是一大阳台，经二层大餐厅可以到达。三角山墙冠顶为平缓弧形轮廓，无内部结构划分；阳台门上方有四扇椭圆窗。另一阳台设在东边餐厅。长弓形老虎窗活泼了南侧屋面的造型。

该建筑给人印象庄重低调；俱乐部通过适度和有序的建筑装饰来含蓄表达。建筑师通过南边大阳台来呼应其优越位置，使建筑凸出海岸线；而西边的加建似乎更倾向住宅设计。虽然该建筑为俱乐部服务，但它绝非德国人精英建筑的代表。

该建筑中现设有市政机构(已改作饭店)，南立面山墙前和东边都予以扩建，内部基本保持原状。

3. **大港火车站**(1911？)

这座建筑除加建新的屋顶及表面有点损坏外，外观保存完好。现仍用作火车站。

这座大港附近的火车站，建于1911年前后[②]，用于连接大港同胶济铁路的客运。客运站以北有支线通往港口区，用于货运(图5-30)。

建筑高三层，可直通月台，单层部分向北做了扩建。向南也加建了一两层侧房。东边向着大街，为正立面。有宽大山墙，山墙底层有两个通往月台的门式通道。上层两侧有两个阳台，现被改成暖房。与不规则东侧相对，建筑向着轨道一侧有统一建筑基线。

建筑立面抹灰，局部装饰使用大量毛石：大小不一的花岗石毛石基座直达一层窗台位置，并环绕整个建筑。东侧两个入口和朝向月台的大门、全部窗台、阳台围栏和山墙轮廓下部台阶都由花岗石砌成。不规则高度屋檐线下，嵌有一层花岗石块。原先

图5-30 大港火车站南向视图(上,1918)(下、2016)

的屋顶已不存。

这座建筑规模如农村或城郊车站；通过毛石装饰和略带转折的建筑体块，使其具有一定代表性。这种略显奢侈的造型与服务从海上来青岛的游客有关。

---

①按华纳书第262页的建成时间。在建成自己的楼房前，俱乐部一直设在亨利亲王大街嘉卑世洋行(Kabisch)的楼内。

②关于大港车站和港口轨道与山东铁路衔接的北支线前期工作，1910年便已做了报道。参见1910年度《胶澳发展备忘录》第53页。至于1911年大港车站投入运营一事则表述含糊。BAMA RM3 6819 113(未付印的1911/1912年度《胶澳发展备忘录》草稿)。

图5-31 魏玛传教会图书馆西向视图(左,1914)(右,1930年代)

4. 魏玛传教会图书馆(1914)

该建筑现用作青岛市第九中学教学楼，已加建了几座侧楼，保存情况不佳。

魏玛传教会图书馆，可能是保尔•弗里德利希•里希特1914年2月设计完成的[①]。该处也设有卫礼贤建立的中国联合会(即“尊孔文社”)图书馆，用于收藏和翻译中国古典著作。魏玛传教会图书馆位于上海路魏玛传教会场地南角。单层，包括一个18米长、8米宽的图书馆或阅览室，占据整个建筑面积的四分之三。东侧有抬高的半圆形扩建，从前用作教堂大厅[②]。向北接一长18米、宽2米的内走廊，这里有通往地下室的楼梯。向西有另一辅助用房，沿整个楼宽伸展。大门设在南侧凸出部分，可直通大厅。西边及西北角另加建少许侧房，但这些侧房并不在原平面图中。建筑立面无装饰，简单抹灰[③]，基座处砌筑花岗岩毛石。上覆复折式屋顶(图5-31)。

5. 小 结

这里所涉及建筑物，在造型、使用和状态方面都各不相同：观象台的城堡式造型，为在一定程度上成就海上的城市全景。同时，雉堞和毛石显示其防卫性功能，其位置也突出了如画特色。作为一种造型元素，花岗岩毛石很早便被用于重要建筑装饰上，观象台却是租借地唯一所有立面都装饰毛石的建筑。毛石也是大港火车站的突出造型元素，该车站规模虽小于市区火车站，但由于其是服务自海上到达旅客的车站，似乎也在追求可以给人以愉悦的第一印象。毛石的自由砌筑与建筑组团的组合，使其

图5-32.大鲍岛，向西冲小港看(1912)

形式很有代表性。青岛俱乐部的代表性特征体现在其乡间别墅式的设计上，创造了一种优雅含蓄的效果，无须引人注目的装饰图案。在远离公众的地方，魏玛传教会的图书馆对外就像一个小型的古典主义隐居地。

六、大鲍岛、台东镇、台西镇

如同前一个时期一样，1911~1914年间在大鲍岛、台西镇和台东镇等华人居住区的建筑因后来种种改建已难以辨认了。可以认为，此时大鲍岛已全部建成；不仅如此，第一批建成的单层建筑大多已被拆除，取而代之又建起较大的两层建筑④(图5-32)。

①该设计的蓝图存IAA(东京大学亚洲建筑研究所档案室)。由于蓝图上影像不清晰，在清晰可读的日期下只辨认出Richter的姓因而令人怀疑。这肯定涉及建筑师和建筑公司老板保尔•弗里德利希•里希特。相反，同样在该处的平面布置图蓝图则十分粗略；部分单个房间标有德文和中文标题，而德文标题与其他设计标题相比有点异样。因此可以推测，里希特是与一名中国建筑师一道设计的，或对其设计做了加工。在徐飞鹏等人著作中，东京大学亚洲建筑研究所的同仁也参与了，并未提及里希特的名字。参见徐等人著作第81页。

②德文标题只将其标作“厅”，中文则将其标作“图书馆”。参见东京大学东京建筑研究所档案馆蓝图。

③在也许出自里希特手的正视图图纸上，可看出有用竖线条(？)均匀节律的垂直分段。保存在东京大学亚洲建筑研究所档案馆的这些图纸蓝图晒得很糟。各立面原先是否如此，已不得而知。很显然里希特的这些设计图转绘并不准确，然而在正视图上大门是绘在北侧的！

④“在大鲍岛，几乎完全没有建筑空地。大部分租借地初年那些旧的单层房子都拆除了，以便腾地建更大的建筑。许多房子都加建了二层。” BAMA RM3 6820-162(未付印的1912/1913年度《胶澳发展备忘录》草稿)。

七、1911~1914 年间的建筑活动概观

两个大型公有建筑项目，即胶澳法院大楼和德华青岛特别高等专门学堂，表现出现代化的个性特点，首先基于实用和城市面貌而建设。两座建筑都具有一定代表性：法院建筑显示出总督府广场的庄重背景，而且这一点要通过毛石装饰来实现，未求助于既定的法院建筑类型。青岛特别高等专门学堂的主楼，基本无装饰的悬挑南立面，显示其庄严雄伟的形象；另一方面，居于不太显眼位置的侧楼则以不规则排列的毛石来装饰。

1911~1914年间建成并保留至今的少数私人建筑，虽然在造型上与众不同，但基本上延续了以前注重功能的趋势：表现为简单、粗壮结实的建筑体，尤其在广西路商业建筑中，表现为强调平坦的外立面。在商业和住宅建筑上都有连拱廊，有时还是不对称的，它们替代了先前青岛建筑中的外廊立面。在远离大港周围新开发的居住区里，商业建筑——如欧人区的侯爵饭店——有时并不紧贴街道；可能有意躲避“大都市形象”。

该时期修建的许多私人建筑已不存在，所以很难更详细地予以描述。

这一时期，只有在少数几个建筑上还可看到大量毛石。这不仅适用于远眺依然清晰可见的观象台，也适用于法院和青岛特别高等专门学堂的附属建筑。在私人建筑上，粗面石工砌筑作为代表性造型元素出现相对较少——多数被用作基座镶面。

第六章 青岛开埠初期建筑发展回顾

一、城市建设总结

根据1897年11月在青岛制定并详细说明的规划，在中国建立港口租借地的理想在青岛被占领后得以实施，该租借地仿照香港模式，旨在远东建立一个贸易中心和海军基地。整体城市形象的规划基于内容上环环相扣的四部分系统：一、规范土地征用和防止土地投机的土地法规；二、用于基础设施发展的多区域城市布局，根据相应用途和规定，中国人和欧洲人分居于不同城区，并将其划分为不同区域；三、规定城市各区域内具体详细的建筑法规，这套法规主要基于卫生准则，以达到同时代城市建设的标准；四、颁布了具有种族主义色彩的“中国人条例”。上述措施规定了青岛城市发展的框架，在着手建设16年后，青岛居民已超过6万人。其结果是一系列尚未完全融合的小城镇的叠加：气候宜人的位置是欧洲人的商住区，即所谓“欧人区”以及东部稍远一点的别墅区；北边山岭后是大鲍岛区，作为中国居民的一个住宅区，该区也被用作商业和小型工业区。再往北，是港口商贸区；以及距离城区不远的台西镇和台东镇，作为中国劳工居住区。除了设在港口的船坞工艺厂外，最初并未规划在青岛建立重要的重工业。

虽然胶澳租借地行政管理部门设于欧人区，但每个地区基本自成体系，符合各个小城区的情况，并不基于固有中心。

青岛城市规划的现代风格，完全可媲美德国同时代的城市建设。这里要强调的是速度和结果，在德国是按照现实条件来实施区域划分、花园城市运动理念和土地分配。虽然香港是经济和政治的典范，但青岛城市设计的灵感来自德国，欧人区因其位置和造型多变的街道走向而具有一种如画般效果。在土地投机、卫生和规范制定等方面也与英国皇家的殖民地形成了鲜明对比。

二、建筑发展：历史建筑形式的逐渐更替

在上述背景下，青岛城市发展中逐渐出现了以功能性更强的建筑取代历史主义建筑形式的现象，在世纪之交后不久表现非常明显。第一批建筑——除非是为临时使用而建

造——仍然与晚期历史主义传统紧密相连，并且根据当时仍然有限的可能性，对建筑进行装饰。无论公有建筑还是私人建筑，都是如此。相比之下，世纪之交后不久，青岛出现了更多没有风格化建筑装饰的功能性建筑，尽管这并非出于实用主义的建筑理念，而是因当时造型方面的和——至少在私人建筑中——经济能力限制的结果。

世纪之交以来，更多功能性建筑逐渐在发展过程中建造起来。和德国一样，它们主要体现在建筑轮廓和体量的简化上，同时也有建筑装饰简化的趋势。另一方面，仿青年风格派并不常见，也不具有当地特色：这种风格只能在1901～1905年间建造的几座商业建筑上找到，而且只是粗略的形式。可能过去在室内设计中对青年风格派形式使用更普遍。在总督官邸的代表性造型中，同样可以看到青年风格派形式；然而，它们也仅仅从属于由各种其他形式组成的综合系统。

尽管有少数例外，但这种倾向于功能性建筑发展的趋势一直持续到德国统治结束。因此，已建成的建筑明确趋向功能性和坚实性，但因为个别建筑在造型和材料方面的选择，整体建筑发展被赋予了更加多元的特征。

三、公有建筑

公有建筑在青岛的建筑设计中发挥着特殊作用，城建局雄心勃勃的国有基础设施规划，在很大程度上延续到公有建筑规划中。医院(从1898年开始)、兵营和行政建筑的规划和尺度是基于一个正常运转城市的假设，这个城市设想远大于当时基础建设开发的区域。世纪之交建成的大多数公有建筑也显示了同样的雄心，除了如总督府小教堂这样的临时建筑，早期的兵营建筑、军队医院和学校都达到甚至超过了在德国适用的建筑卫生标准，例如屠宰场。功能和卫生比外观设计更重要，特别是野战医院，某种程度上兵营建筑也是如此。欧人监狱和警察局大楼直接基于德国样板，甚至连建筑设计都在德国完成。相比之下，总督府办公大楼和警察局营房外廊立面则具有典型的地方特色；法院大楼造型设计参考了周围总督府和总督府广场及周边住宅楼的影响，并未采用德国传统样板。

两座最重要的公有建筑，即总督府办公大楼和总督官邸，在造型方面有意使之具有地方特色：前者是一座三翼行政建筑，其结构在德国常见，其外墙将开放的阳台与粗犷的毛石装饰结合起来，形成令人印象深刻的权力象征。总督官邸通过其位置和建筑形式让人联想到城堡。其局部细微的造型使用了模糊的历史形式；通过其丰富形式创造了一座具有浪漫主义色彩的华丽住宅。就其实际用途而言，肯定是过度的。

公有建筑通常设计十分气派，这也表现在屠宰场与日耳曼尼亚啤酒厂管理大楼的对比上：私营日耳曼尼亚啤酒厂除建筑西南角外均无装饰，砖砌造型朴素，看上去远逊于屠宰场气派的办公大楼。学校建筑上的对比更明显：青岛的教会作为非公有建筑开发商，建造了许多教育类建筑，这些建筑在结构和造型上非常简朴，尤其是为中国学生建设的学校。反观第二所总督府学校毛石装饰立面却富丽堂皇，宽敞的教室条件优越。仅仅几年后，总督府就随着青岛特别高等专门学堂建造了一个学校综合体，其内部设计符合中国人的生活要求，但其外部设计却显示出一定程度的实用性，这在1910年前后的其他地方几乎做不到。无论是其考虑到青岛城市发展而确定的建筑的气派程度，还是其富有想象力的突出造型，都显示出当局对租借地在建筑艺术上独特造型的特别兴趣。在政府建筑师施特拉塞领导下的总督府建筑管理部门，对此起了决定性作用。帝国海军部通过提供大量财政资金支持了这些努力。

四、私人建筑

从规模和造型上，青岛私人建筑品质都要逊色于公有建筑。

与代表国家建造的住宅楼一样，直到世纪之交不久，私人住宅楼也是以小规模、历史主义的建筑方案为基础，并带有单独的扩建部分。1905年后，住宅楼建造虽然外观设计不尽相同，但都采用了类似平面设计。1905～1914年期间，由于放弃了加建，住宅建筑中也出现建筑形式趋于简洁的趋势，同时减少或简化了建筑装饰。随着住宅建筑更讲究实用的功能诉求，一些建筑屋顶反而被赋予富有表现力的形式，通常是复折或多折式的。这并非地方特色，在德国也可看到，尽管在许多地方并不那么一致。

虽然不能明确列举德国的直接范例，但仍然可以看出，青岛的建筑艺术也遵循了德国建筑的发展方向：例如，它们或多或少与世纪之交汉斯·波尔齐格(Hans Poelzig)和西奥多·弗里奇注重实用的建筑有联系，尽管未在私人建筑中采用简单的大众性。由于青岛需求有限，面向大城市的百货公司建筑没有发展起来。但与住宅建筑设计一样，商业建筑设计也参考了德国同时期的样板。如果说在租借地的最初几年，基本上没有装饰性商品销售点和街头店铺，从1901年左右开始，具有商业和居住双重功能的多层建筑类型在欧人区中开始出现，它们通常具有对称的建筑立面。只有少数以香港或上海的建筑为蓝本。此外，这些少数情况只在1905年前出现。更令人惊讶的是，因大多数青岛公司都是大型德国公司的子公司，其上级公司通常由于经济原因而设在上海或香港，而且它们在那里的建筑，据我们所知，完全与当地城市形象相适应。因此，对德国模式的借鉴，很可能与新兴殖民城市有意要表现德国特征有很大关系。与在街边建设两三层商业楼的小城市景观相反，1912年后，无论在欧人城区还是在港口区，所建商业楼都从街道线退后，由此形成的屋前花园，再次衬托出城市建筑群的乡村化特征。

五、教会建筑

个别建筑的独特造型，显示在青岛活动传教会的特殊作用。虽然天主教斯泰尔传教会早在德国海军占领青岛前就已在山东活动，并在当地建造教会建筑和教堂方面积累了很多经验，但他们在青岛的建筑仍采用德国设计：着意采用德国小城市的建筑形式，无论是传教会中心还是“圣心修道教堂”都显示这一特点。斯泰尔传教会的其他建筑，也许由于资金受限，以简朴实用为主。只有在斯泰尔传教会的建筑中可以看到使用中式砖瓦，这在青岛其他建筑上都是力求避免的。

就两家新教传教会中心而言，估计采用了中国南方的样板；柏林传教会在德国占领青岛前便已在中国南方活动，积累了适应南方气候的经验，并有适应该处建筑方式的相应形式。魏玛传教会在礼贤书院造型上特别为中国学生设计中式建筑形式。这种对中国建筑形式始终如一的适应，在青岛的租借地建筑中未见有后来者。魏玛传教会的其他建筑，肯定也是因财政原因，保持了简朴实用的特点。

六、租借地的建筑艺术

青岛的建筑，没有出现像中南美洲早期现代建筑或世纪之交英国殖民地的“外廊风格”建筑那样，按地域不同定义的“殖民地建筑艺术”。更确切地说，是以不同方式在城市建设中表达其“建筑殖民主义”。

世纪之交前，在青岛的建筑中，更多看到的是中式建筑艺术的造型元素：在凯尔的住宅和亨利亲王饭店中融入中国元素装饰，在第一所总督府学校的结构上也使用中式元素。追求具有中国风格和不寻常形式的愿望必须有中国建筑公司或营造商参与。这一时期由于缺少“纯西方的”建筑公司，当地建筑公司将中国形式带入青岛建筑中。当然，这并非德国委托人想要。青岛集中采用中式元素时间有限。世纪之交后，在欧人区建筑设计中，几乎看不到采用中式元素的迹象。广西路上祥福商住楼的大门既是中式形式的高潮，也是其风格的终结。

因此，从1898年到1914年，在青岛建筑的整体发展中，在造型上与中国建筑传统对抗并未真正出现过；甚至连建筑材料都按照西方需求和要求生产，最初花费很大。根据建筑法规，原本完全有可能与中国形式相匹配；但并未实施，显然是城区西方居民达成了共识。

与气候相适应，而非与中国的建筑传统相适应，是青岛租借地建筑的特点。将中国元素融入德国建筑的混合结构，在城区内都是出于对中国人的考虑。除了早期建筑外，其他主要集中在教会建筑、青岛特别高等专门学堂和中国居民的住所。

当然，这点仅适用于欧人区。欧人区以外确实发现有许多混合形式，主要集中在中国人居住的大鲍岛、台东镇和台西镇，体现在中式弧形屋顶的形式上。

同样从一开始便考虑了青岛的气候因素。当然也受德国进口的“热带拼装板房”的启发，青岛建筑最重要的外观特点是大量采用外廊结构，以及建筑内的连拱廊。如果说世纪之交早期建筑的外廊——主要在私人建筑中——部分还是作为木结构加于原有建筑前，之后则很快便作为牢固的结构统一纳入建筑整体。极少数建筑上的外廊可看到参考英式“外廊风格”的踪迹，例如广西路上祥福商住楼；在瓦特逊和贝尔根住宅中，肯定是应委托人要求而建设。相比之下，其他公私建筑中的阳台和连拱廊都被纳入以德国模式为导向的建筑背景。

外廊是当地建筑采用异国情调的“典型”设计元素。尽管在1900年左右，通过细致的天气观测，人们已经知道，从气候角度，没有必要在青岛建造外廊，许多外廊在开埠时期就已被窗户封闭。但直到1914年，外廊还是被反复使用。即使在坚固肃穆的建筑中，如大港邮局，在简单、无装饰的建筑体中也依然建有连拱廊。因此连拱廊和外廊仍是最重要的地方建筑特色。气候上完全无必要却说明其在造型上的内在价值。

个别建筑采用大量毛石装饰，可视为租借地建筑造型的另一项重要元素。最初，俾斯麦兵营前的两座士兵宿舍楼立面使用较浅的花岗岩，主要是由不均匀采石场石料制成的毛石装饰，这些石料在租借地的许多地方都能采到。最迟在1904年，在建造总督府和总督官邸过程中，开设了新的采石场，用来开采足够数量深色、坚固和较大的方石。在后来公有建筑的造型设计中，便开始追求使用粗糙的粗面方石：除材料美和利用它们开发出富有想象力的形式外，石头本身强固和坚硬的特质也开始发挥作用，这使得租借地建筑在表现方面给人留下深刻印象。在观象台设计中，花岗石毛石工艺达到高潮，从远处看，其城堡式的城市之冠在青岛全景中占有至高地位。此外，这种典型的具有地方特色的材料，在德国也被用来表达强大而坚固的建筑理念，但在这里，在租借地被开采，并在一定程度上表现为具有“德属中国”地方特色。由于工资大幅降低，采石成本远低于德国，而且青岛附近有大量矿藏，因此导致花岗岩方石作为装饰元素在私人房屋建筑中得到广泛使用。

笔者曾在德累斯顿文物保护大会上针对“德国殖民地的家乡风土文物保护努力”专题做了简短汇报，其中提到1914年前青岛建筑的造型“不应是具有德国特点的”，而是应适应当地具体条件的 。至于这种探讨实际上达到何种程度则不可知 。对青岛建筑的特点的描述，最终并未被认为是“租借地建筑艺术”，而被认为是若干“地方主义”的互相作用，形成了自己的地方特色，这些特色并未强调其作为租借地城市的作用。

七、德国“租借地威廉二世时代建筑”及其样板

“威廉二世时代建筑”，不是一个风格术语，而指1890年左右至第一次世界大战开始期间一种外在的非常异质和高度变化的建筑特点，这种特点也体现在青岛的建筑中。至少在青岛部分地区，在个别建筑中可以看到对著名的威廉二世时代建筑的借鉴。布鲁诺·施米茨(Bruno Schmitz)设计的莱比锡大会战纪念碑无疑属于威廉二世时代建筑的典范，它在一定程度上影响了胶澳总督府的立面造型。其他建筑也有威廉二世时代建筑的影子，然而却远不如其典范知名：亨利亲王饭店音乐厅东侧和基督教堂的两个纵侧，均由罗克格设计，其屋檐部分，借鉴了柏林莱茵戈尔特(Rheingold)葡萄酒坊的贝尔维克(Bellevue)大街立面以及曼海姆玫瑰园礼堂的基本方案和造型主题。这两个为满足威廉二世时代社会的高雅品位而闻名遐迩的节庆大厅和娱乐场所的魅力，将以小规模和易于管理的方式转移到偏远的殖民地。同样的主题，也出现在罗克格设计的基督教堂的长边上。不过，应注意到，亨利亲王饭店音乐厅的建造时间几乎与德国类似建筑同时：极短的时间差凸显了第一次世界大战前德国和青岛之间的密切关系和深入交流。

古典主义形式在青岛比较罕见。该建筑形式几乎仅见于建筑师保尔·弗里德利希·里希特设计的立面造型、亨利亲王饭店的公寓和魏玛传教会图书馆楼。公寓隐约的新古典主义立面在其克制的表述中，表现出与1913年——差不多同时——布鲁诺·施米茨为曼海姆Reiss博物馆设计的立面的相似性 。布鲁诺·施米茨的设计——被尤里乌斯·波塞纳(Julius Posener)强调称之为“威廉二世时代大师” ——肯定对青岛的几个高级建筑具有榜样作用；然而，由他(布鲁诺·施米茨)赋予灵感的建筑并没有作为城市景观的主导形象而出现。以粗糙的花岗石大量贴面，如在城堡式造型的观象台上，

以及此前在总督府和总督官邸中看到的，这些建筑本身由于其高居原居民区之上的位置而具有城市之冠的特征，所以可以看作至少与源自施米茨的设计元素不相上下。

相比之下，青岛并未出现新巴洛克形式；在基督教堂的建筑投标中，专门提出“不希望有”“巴洛克”形式——同样不希望有“法兰西第一帝国时代流行的艺术风格”。为了表现出特别牢固、雄浑粗壮和具有防卫功能，基本上免除了华丽而奢侈的风格。

对著名建筑的模仿，与一开始所采用的历史主义风格相似，都很克制。相比之下，追求具有突出的、气势宏伟的功能性建筑，成为坚定不移的明确目标：从魏尔纳·舒备德[①]的军官俱乐部(1907～1909)开始，到青岛特别高等专门学堂主楼(1911～1913)，尤其是大港的邮局，达到向无装饰的功能性、牢固结实建筑发展的顶峰，这种发展在远离德国的租借地中，不能被视为理所当然。除了个别建筑具有相当高的建筑质量外，这种现代性也是1898～1914年间青岛整体建筑发展的另一个重要特征。

八、发展转移——青岛的建筑师和建筑企业

在总督府城建局领导下，青岛的建筑业迅速发展。城建局几乎在整个租借时期都在政府建筑工程师施特拉塞领导下。自1898年起便开始雇佣由德国帝国海军部聘用的工程师和建筑师，从事政府建筑项目设计并对其监管。这些人在当局雇佣之余也承接私人建筑设计，或者几年后退出公务自己单干，例如罗克格。如此形成的人员流动导致需从德国重新招募人才——亨利·舒备德1907年来到青岛，这可以解释，为什么来自德国的最新建筑趋势几乎立刻就能在青岛实施。至少在最初几年，得到了帝国海军部慷慨的预算支持。在许多情况下，青岛的私人建筑和政府建筑之间的比较可以证明这一点。在青岛设立的建筑公司从一开始就发挥了重要作用。至少在欧人区建筑方面，他们取代了常驻的中国建筑公司，在建造第一所总督府学校和亨利亲王饭店之后，大多数建筑，就目前可追溯的情况而言，都是由德国建筑公司建造的，如德远洋

①应为亨利·舒备德。——编者注

行、弗朗茨•科萨维尔•毛利公司、保尔•弗里德利希•李兮德公司和广包公司。这些公司在某些情况下还提供规划设计。开办建材企业也符合总督府利益，在总督府支持下，捷成洋行成立了蒸汽砖瓦厂，以解决西式砖瓦供应短缺问题。当地采石场开采的花岗岩，能提供足够数量的方石石料用于基座表面。但为了总督府、总督官邸和其他大型建筑的镶面用石，自1904年起租借地政府不得不自行设立能开采深层花岗石的国营采石场。

九、结束语和展望

为了准确描述城市的整体特征，包括大鲍岛、台东镇和台西镇城区，以及更详细地探讨欧人区，系统研究德租时期青岛市房建局的建筑档案是必要的，只有在此基础上，才有可能对整个城市进行足够精确的梳理和描述。对这些档案的研究可以进一步阐明当时房建局的作用。此外，对有关建筑师、成长过程及职业生涯，以及建筑业主的相关信息也很重要。

当然，目前基于建筑档案的研究结果，只限于青岛的情况，并不能推广到德国的其他殖民城市。这项研究详细说明了德国对外殖民时期青岛建筑艺术的独特性和特殊作用。当然，它是研究威廉二世时期建筑整体的重要组成部分，虽然截至目前，针对这一领域整体的讨论仍不够充分。

附 录(参考文献)

1. 档案馆和图书馆

罗马Verbi Divini总会档案馆

罗马Delle Serve Dello Spirito Santo红衣主教会议档案馆

伦敦英格兰银行档案馆

东京大学亚洲建筑研究所档案馆(IAA)

科布伦茨德国联邦档案馆(BAKo)

弗莱堡联邦档案馆军事馆(BAMA)

东京日本防卫厅防卫研究所图书馆(BBKT)

慕尼黑巴伐利亚州立图书馆(BSB)

柏林德国历史博物馆

慕尼黑德意志博物馆(DMM)

香港香港银行档案馆

弗伦斯堡-缪尔维克海军学校

2. 报 刊

陆海军

德国之角，青岛德国人杂志(*DE*)

新中国(*DnC*)

胶澳发展备忘录

德文新报(*DOAL*)

德华汇报(*DAW*)

德国工棚

德国建筑报(*DBz*)

德国殖民地手册
殖民地月刊
殖民地展望
《营火》(松山战俘周刊)
城市建筑界
斯泰尔教会信使报(*StMB*)
青岛新报(*TNN*)
殖民地政治、殖民地法律和殖民地经济杂志
社会经济学杂志
中央建筑管理报(*ZdBv*)

3.图书

[1]东亚德国人通讯录. 上海，1927.

[2]约尔克•阿特尔特(Jork Artelt)： 青岛——德国在中国的城市和军事要塞(1897~1914). 杜塞尔多夫，1984.

[3]雷纳特•巴尼克-施维策(Renate Banik-Schweitzer)，1893年维也纳的建筑区域图•一种住宅改革的工具？//格哈特•费尔(Gerhard Fehl)，尤安•罗德里古茨-罗勒斯(Juan Rodriguez-Lores).1865～1900年的城市建设改革. 1985，389~422.

[4]约翰尼斯•伯克曼(Johannes Beckmann). 近代天主教在中国的传教方法(1842~1912)：关于其工作方式、其障碍和成果的历史研究[M].依门西，1931.

[5]弗里德利希•贝麦，M.克里格. 青岛及周边导游手册[M].青岛：1904.

[6]弗里德利希•贝麦，M.克里格. 青岛及周边导游手册[M].青岛：1906.

[7]弗里德利希•贝麦，M.克里格. 青岛及周边导游手册(英文版)[M].沃尔芬比特尔：1910.

[8]Helge bei der Wieden. 胶澳租借地[M]//瓦尔特•胡巴赤(Walther Hubatsch).德国行政管理史概要(1815~1945)第22卷：联邦和帝国权力机构.马尔堡，1983，548~560.

[9]布克哈特•伯尔裘斯(Burkhard Bergius)，雅诺斯•弗雷柯特(Janos Frécot)，迪特尔•拉迪克(Dieter Radicke). 建筑艺术，城市和政策.吉森，1979.

[10]海因里希•伯茨(Heinrich Betz). 青岛开埠以来山东省的经济发展(1898～1910)[M].青岛，1911.

[11]胶澳地区的建筑，据1899年10月6日和13日政府建筑工程师D.H.马根斯在汉堡建筑师、工程师协会的报告整理[J].德国建筑报，20(1900.3.10)：第121～126页和22(1900.3.24)：第134～140页。

[12]别克曼(名不详). 青岛的城市建设[J].殖民地月刊，11(1913)：465～487.

[13]沃尔夫冈•布伦奈(Wolfgang Brönner). 1830～1890年间德国的城堡式别墅[M].沃尔姆斯，1994.

[14]克劳斯•布斯曼(Klaus Bußmann).1910年现代派的上半场[M].明斯特，1992.

[15]R.B.(作者姓名不详).中国和胶澳地区的德国邮政[J]. 营火(松山战俘周刊)，重印，日本本多战俘营出版，日本：1919：70～74.

[16]让•卡松等(Jean Casson). 20世纪的突破——世纪之交的艺术和文化[M]. 慕尼黑，1962.

[17]约翰尼斯•克拉默(Johannes Cramer)，尼尔斯•古卓夫(Nils Gutschow).建筑展览[M]//二十世纪的建筑艺术史. 斯图加特，柏林，科隆和美因茨：1984.

[18]莫里茨•戴姆灵(Moritz Deimling). 胶澳租借地最初两年的发展[C]//德国殖民地协会柏林-夏洛滕堡分会 1899/1900论文集，第二集，柏林：1900.

[19]青岛警察事业的发展[C]//营火(松山战俘周刊)，重印，日本本多战俘营，日本：1919.

[20]迪特尔•多尔格奈(Dieter Dolgner).历史主义[M]//1815～1900年的德国建筑艺术，莱比锡，1993.

[21]保尔•多斯特(Paul Dost).德属中国(胶澳)和山东铁路[M]. 克勒斯费尔特，1981.

[22]三十年的德国殖民政策与世界政治比较和展望》[M]. 柏林，1922.

[23]伯恩特•艾伯斯坦因(Bernd Eberstein)：汉堡—中国：伙伴关系史[M].汉堡，1988.

[24]诺尔曼•艾德华兹(Norman Edwards). 新加坡住屋和居住生活(1819～1939)[M].新加坡，1991.

[25]莱奈•法尔肯伯格(Rainer Falkenberg). 路易斯•魏勒(Luis Weiler)的中国来信(1897.12～1901.8)。青岛发展和山东铁路修建的材料[C]//郭恒钰，罗梅君(Mechthild Leutner). 德中关系史文集，慕尼黑，113~134, 1986.

[26]格哈特•费尔，尤安•罗德里古茨-罗勒斯. 1865～1900年的城市建设改革——论城市建设时期的光、空气和制度[M].汉堡：1985.

[27]乔治•佛朗裘斯(Georg Franzius).胶澳——德国在东亚的攫取地[M].柏林：1898.
[28]乔治•佛朗裘斯. 胶州之旅[M].柏林：1898.
[29]雅若斯•弗雷柯特.费尔丹地同盟(Werdandibund)[M]//布克哈特•伯尔裘斯，雅诺斯•弗雷柯特，迪特尔•拉迪克. 建筑艺术、城市和政策. 吉森，第37～46页，1979.
[30]西奥多•弗里奇(Theodor Fritsch).未来的城市[M].莱比锡：1896.
[31]米夏埃尔•弗勒利希(Michael Fröhlich).帝国主义： 1880～1914年间德国的殖民和世界政策[M].慕尼黑：1994.
[32]艾尔塞•格拉恩(Else Glahn).中国建筑标准的展现：营造法式研究[M]//南希•沙茨曼•斯坦茵哈特(Nancy Shatzman Steinhardt).中国传统建筑艺术，纽约，第48～57页，1984.
[33]G.郭尔特伯格(Goldberg).胶澳地区在其属于德意志帝国期间的技术发展[J]//殖民地政策、殖民地法律和殖民地经济杂志，8(1910)：587～599.
[34]瓦尔特•胡巴赤. 德国行政管理史概要(1815~1945)第22卷：联邦和帝国权力机构[M].马尔堡：1983.
[35]阿道夫•冯•哈尼斯(Adolf von Hänisch).香港捷成洋行(Jebsen & Co.)——1895～1945年间中国贸易的变化[M].阿彭拉德：1970.
[36]理查德•哈曼(Richard Hamann)，约斯特•海尔曼特(Jost Hermand).1900前后的风格艺术[M].柏林：1967.
[37]瓦伦汀 W.哈默尔施米特(Valentin W. Hammerschmidt).德国后期历史主义建筑中的愿望和表达(1860～1914)[M].法兰克福，伯尔尼，纽约：1985.(同时为1984年斯图加特博士论文)。
[38]约瑟夫•杜尔姆(Josef Durm)，海尔曼•恩德(Hermann Ende)，艾杜阿特•施米特(Eduard Schmidt)，海因里希•瓦格纳(Heinrich Wagner). 建筑艺术手册[M].斯图加特：1897.
[39]克里斯蒂安娜•哈特曼(Kristiana Hartmann).1900年前后的城市建设：浪漫主义幻想还是实用主义观点[M]//Cord Meckseper和Harald Siebenmorgen. 老城市：文物还是生活空间？19和20世纪中古城市建筑艺术的观点，第90～113页， 哥廷根：1985.
[40]Richard Hartwich.SVD: 斯泰尔传教士在中国： Ⅰ.1879～1903年教会对鲁南的开拓[M].圣奥古斯汀(Studia Missiologici Societatis Verbi Divini Nr.32).1983.
[41]Richard Hartwich.SVD: 斯泰尔传教士在中国： Ⅱ.主教韩宁镐(Henninghaus)1904～1910年召唤斯泰尔修女[M].圣奥古斯汀(Studia Missiologici Societatis Verbi Divini Nr.36).1985.

[42]阿道夫•豪普特(Adolf Haupt).青岛旅游指南[M].青岛：1927.
[43]黑伦(Heeren).青岛的单独住宅[J]//德国建筑工人和石匠行会19/20(1915)，第160～164页。
[44]韩宁镐(August Henninghaus).主教安治泰(Johann von Anzer)[J]//StMB6(1903/04)，第88～91页。
[45]约斯特•海尔曼特(Jost Hermand).美好生活之光[M].法兰克福：1972.
[46]约斯特•海尔曼特，Germania Germanicissima，1900年的前法西斯主义雅利安人狂热崇拜[M]//约斯特•海尔曼. 美好生活之光，法兰克福：1972.
[47]约阿西姆•海特勒尔(Joachim Hettler).山东，一个中国经济区及其发展[M].慕尼黑：1992.
[48]奥托•豪沃尔曼(Otto Hövermann).胶澳地区的行政和司法管辖[D].图宾根：1914(1913年波恩大学法学博士论文).
[49]堀内正昭. 德国统治时期的青岛建筑(1898~1914)[M]//徐飞鹏，张复合，村松伸，堀内正昭.中国近代建筑总览•青岛篇. 北京：中国建筑工业出版社，1992：16~21.
[50]奥斯卡•豪斯费尔特(Oskar Hossfeld).城市和乡村教堂[M].柏林：1915.
[51]C.胡格宁(Huguenin).第三海军营史[M].青岛：1912.
[52]江似虹(Tess Johnston)，尔冬强(Deke Erh). 最后一瞥：老上海的西洋建筑[M].香港，1993：12.
[53]施特凡•凯泽(Stephan Kaiser).德国的军事建筑——19世纪初至第二次世界大战德军兵营建筑研究[D].博士论文，美茵茨：1994.
[54]安托宁 D.京(Anthony D.King).平房——全球文化的产物[M].伦敦：1984.
[55]弗兰茨•克罗奈克尔(Franz Kronecker).胶澳15年——一项租借地医学研究[M].柏林：1913.
[56]奥斯瓦尔特•库恩(Oswald Kuhn).医院[M]//约瑟夫•杜尔姆，海尔曼•恩德，艾杜阿尔特•施米特，海因里希•瓦格纳. 建筑手册第4部分第5上半卷第1册，斯图加特：1897.
[57]郭恒钰，罗梅君. 德中关系史文集[C].慕尼黑：1986.
[58]郭恒钰. 从殖民政策到合作：德中关系史研究[M].慕尼黑：1986.
[59]Vittorio Magnago Lampugnani. 香港建筑艺术：密度的美学[M].慕尼黑：1993.
[60]罗梅君，余凯思(Klaus Mühlhahn).“模范殖民地胶澳”：德意志帝国在华扩张——德

中关系史料集(1897~1914)[M].柏林：1997.
[61]弗里德利希•路特魏恩(Friedrich Leutwein).胶澳地区——德国殖民政策30年与世界政治比较和展望[M].柏林：1922，237~257.
[62]保尔•路特魏恩(Paul Leutwein)，库尔特•施瓦布(Kurd Schwab).德国殖民地[M]. 柏林：1925.
[63]安德烈斯•雷(Andreas Ley).作为城堡的别墅[M].慕尼黑：1981.
[64]李全庆，刘建业.中国古建筑琉璃技术[M].北京：中国建筑工业出版社，1987.
[65]刘善章. 德国租借胶澳及其在山东势力范围的形成[M]//郭恒钰.从殖民政策到合作——德中关系史研究，慕尼黑：1986，567~626.
[66]乌尔里克•罗弗特高德. 1900年前后的玻璃绘画——1895～1918年间德语地域的玻璃镶嵌[M].慕尼黑：1987.
[67]罗哲文. 中国古代建筑[M].上海：上海古籍出版社，1990.
[68]吕昂(Lyon,名不详).城市普及教育事业//罗伯特•乌特克(Robert Wuttke).德国的城市[M].莱比锡：1904，567~626.
[69]古斯塔夫•玛克斯.青岛的警察和中国人[J]//营火，重印，日本本多战俘营出版，日本：1919，389~401.
[70]马尔克.青岛(胶澳)的新总督府办公楼[J].中央建筑管理报，(1907.8.17): 444～447.
[71]马维立(Wilhelm Matzat).青岛与台湾地政的关系[J]//社会经济学杂志，94(1992.9): 29～36.
[72]马维立.单维廉与青岛土地制度[M]//山东和青岛史研究和资料来源，第2卷，波恩：1985.
[73]马维立：单维廉与青岛土地法规[C]//郭恒钰，罗梅君. 德中关系史文集，慕尼黑：1986，33~65.
[74]麦维德(Alfred Mayer-Waldeck). 胶澳保护区[M]//保尔•路特魏恩，库尔特•施瓦布. 德国殖民地，柏林：1925，321~344.
[75]乔治•麦尔克(Georg Maercker).胶澳地区的发展[M].第23页，柏林：1902.
[76]科尔特•麦克塞帕(Cord Meckseper)，哈拉尔特•齐本摩根(Harald Siebenmorgen).老城市：文物还是生活空间？19和20世纪中古城市建筑艺术的观点[M].哥廷根：1985.
[77]埃琳•冯•孟德(Erling von Mende). 第一次世界大战前德国在华新教的若干看法[M].郭恒钰.从殖民政策到合作——德中关系史研究，慕尼黑，1986，377~400.

[78]米夏埃利斯(Michaelis). 胶澳地区价值何在？[M].柏林：1898.
[79]埃利希•米歇尔森(Erich Michelsen).青岛发展回顾[M]. 青岛：1910.
[80]W.谋乐. 胶澳保护区手册[M]. 青岛：1911.
[81]扬•莫里斯(Jan Morris).香港，最后版本[M]. 伦敦：1997.
[82]马克西米里安•米勒-雅布士(Maximilian Müller-Jabusch).德华银行五十年[M]. 柏林：1940.
[83]阿克塞尔•亨利•穆尔肯(Axel Hinrich Murken).19世纪德国综合医院建筑方面的发展[M]. 哥廷根：1979.
[84]海尔曼•穆特西乌斯(Hermann Muthesius).英国房屋[？]. 慕尼黑：1904/05.
[85]海尔曼•穆特西乌斯. 现代乡村别墅及其内装修[M]. 慕尼黑：1905.
[86]海尔曼•穆特西乌斯.乡村别墅和花园——近代乡村别墅示例，包括平面布置、内部房间和花园[M]. 慕尼黑：1907.
[87]纽康甫(Hermann Neukamp).代后记[M]//保尔•多斯特(Paul Dost). 德属胶澳地区和山东铁路，克雷费尔德：1981，261~272.
[88]哈拉尔特•奥尔布利希(Harald Olbrich).1890～1918年德国艺术史[M].莱比锡：1988.
[89]尼古劳斯•派尔斯奈尔(Nikolaus Persner).建筑学艺术和应用艺术[M]//Jean Casson. 20世纪的突破：世纪之交的艺术和文化，慕尼黑：1962，229~260.
[90]R.匹派尔(Pieper).中国的砖瓦窑[N]//德文新报，26(1906.6.29)，1229.
[91]尤里乌斯•鲍赛纳(Julius Posener).柏林走在新建筑艺术之路上——威廉二世年代[M].慕尼黑：1995.
[92]奥托•普莱耶(Otto Preyer).胶澳保护区地产的法律关系[M]. 波恩：1906.(1905弗赖堡大学法学博士论文)
[93]爱德华•乔治•普利奥(Edward George Pryor)，鲍秀虹(译音). 城市的发展：历史的回顾[M]//Vittoriao Magnago Lampugnaui. 香港建筑艺术：密度的美学，慕尼黑，1993：97~110.
[94]玛丽塔•拉代森(Marita Radeisen).铁路和建筑工地公司对策伦多夫的建筑和地方风貌的影响[D]1992，柏林工业大学博士论文
[95]尤利乌斯•李希特(Julius Richter).中国基督教堂的发展(新教总会传教史第4卷)[M]//居特斯洛：1928.

[96]尤里乌斯•李希特.1824～1924年的柏林传教会史[M].柏林：1924.
[97]李希霍芬(Ferdinand von Richthofen).山东及其门户胶澳[M]. 柏林：1898.
[98]卡尔•约瑟夫•里维纽斯(Karl Josef Rivinius)SVD.鲁南天主教会[M].圣奥古斯汀：1979.
[99]卡尔•约瑟夫•里维纽斯SVD.中国的传统主义和现代化：主教韩宁镐在中国教育事业领域的付出(1904～1914). 波恩：圣奥古斯汀神学院(出版物第44号)，1994.
[100]玛丽安妮•罗登施泰因(Marianne Rodenstein).“多些阳光，多些空气”——1750年以来城市建设的健康理念[M].法兰克福、纽约，1988.(同时为柏林工业大学有授课资格的论文)。
[101]保尔•罗巴赫(Paul Rohrbach).德国在中国向前！[M].柏林：1912.
[102]劳睦贝(Kurt Romberg).德属胶澳地区的政治和文化意义：亲历政治理论的篇章[J].殖民地月刊，2(1914)：第49～70页。
[103]罗克格(Curt Rothkegel).青岛—胶澳的新教教堂[J]//中央建筑管理报，13(1909)：159-160.
[104]米夏埃尔•萨勒夫斯基(Michael Salewski).梯尔庇茨[M]. 哥廷根：1979.
[105]薇拉•施米特(Vera Schmidt). 德国在山东的铁路政策(1898~1914)[C]//德帝国主义侵华史论文，威斯巴登：1976.
[106]施米特(Schmidt)，汉斯•魏尔纳(Hans Werner).德国殖民地和国外邮政史[M]. 莱比锡：1939.
[107]单维廉(Wilhelm Schrameier).胶澳行政：胶澳地区的土地、税收和关税政策[M]. 耶拿：1914.
[108]单维廉.胶澳的土地制度是如何产生的[M].柏林
[109]约翰•E.施瑞克(John.ESchrecker).帝国主义和中国民族主义：德国在山东[M].马萨诸塞州，哈佛大学：1971.
[110]舒备德(Schubert).西奥多•弗里奇和流行版的花园城市[J]//城市建设界，73(1982.3)：65～70.
[111]魏尔纳(Werner)，西格里特•舒备德(Sigrid Schubart).在中国当建筑师：海因里希•舒备德(Heinrich Schubart)博士的生平和作品[M]//新中国，4(1995)：14-15.
[112]沃尔夫-E.舒尔茨•克雷森(Wolf-E.Schulz-Kleoßen).作为管制工具的1891年法兰克福分区条例：社会和政治背景[M]//Gerhard Fehl和Juan Rodriguez-Lores. 1865～1900年

的城市建设改革，汉堡：1985，315~342.
[113]奥斯卡•施瓦茨(Oskar Schwarz).公共屠宰场和家畜场的建设、设施和运转(第4版)，[M]. 柏林，1912.
[114]远东的海港. 画刊. 历史和说明，工商业，事实、数字和资源[M]. 伦敦，1907.
[115]南希•沙茨曼•斯坦因哈特(Nancy Shatzman Steinhardt).宋朝的支架系统[M]//南希•沙茨曼•斯坦因哈特. 中国传统建筑艺术，纽约：1984. 121~125.
[116]南希•沙茨曼•斯坦因哈特.中国传统建筑艺术[M].纽约：1984.
[117]施坚雅(William Skinner).中华帝国晚期的城市[M].斯坦福：1977.
[118]赫尔穆特•施丢克尔(Helmuth Stöcker).19世纪的德国和中国：帝国主义的入侵[M].柏林：1958.
[119]薛田茨(Strantz，名不详).德属胶澳殖民地的发展. [J]//陆军和海军，38(1901)：第641～643页和42(1901)：第712-713页。
[120]施滕格尔-弗莱施曼.(Stengel Fleischmann).德国国家和行政法词典[M].图宾根：1913.
[121]托玛斯•蒂洛(Thomas Thilo).中国古典建筑艺术：结构原理和社会功能[M].莱比锡：1977.
[122]施特凡•托尔(Stephan Tholl).普鲁士的血墙：作为19世纪公共建筑任务的屠宰场[M].瓦尔斯海姆：1995.(1994年萨尔布吕肯大学博士论文)
[123]阿尔弗雷德•冯•梯尔庇茨.回忆录[M].莱比锡：1920.
[124]C.M.坦布尔(Turnbull). 新加坡史(1819～1988)[M].新加坡：1989.
[125]瓦尔特•乌特曼(Walther Uthemann).青岛：对开发德属胶澳地区中殖民地卫生问题的回顾[M].莱比锡：1911.
[126]凯特•福格特(Käte Voget).我还有其他的羔羊——在华北柏林传教会工作的回忆录[M].柏林：1918.
[127]C.瓦格纳(Wagner).德华问题、殖民政策、殖民地法和殖民地经济杂志[J]，7(1909)：569～575.
[128]阿尔弗雷德•瓦克尔(Alfred Wanckel).20世纪初的德国新教教堂建筑[M].维滕伯格：1914.
[129]王润生.实测报告：青岛基督教堂[M]//徐飞鹏，张复合，村松伸，堀内正昭.中国近代建筑总览•青岛篇. 北京：中国建筑工业出版社，1992：23~31.

[130]托尔斯滕•华纳(Torsten Warner). 德国建筑艺术在中国——建筑文化移植[M].柏林：1994.

[131]约翰•R.瓦特(John R.Watt).衙门和城市管理[M]//施坚雅.中华帝国晚期的城市，斯坦福大学出版社：1977，353~390.

[132]汉斯•魏克尔(Hans Weicker).胶澳地区——德国在东亚的保护区[M].柏林：1908.

[133]安得列亚斯•魏兰特(Andreas Weiland).1891年法兰克福的区域建筑条例：一个“进步的”建筑条例？一次去神秘化的尝试[M]//Gerhard Fehl,Juan Rodriguez-Lores.载《1865～1900城市建设改革》，汉堡：1985，343~388.

[134]弗里茨•魏尔特海默(Fritz Wertheimer).德国在中国的成就和使命[M].柏林：1913.

[135]卫礼贤和汉娜•布鲁姆哈特(Hanna Blumhardt). 我们青岛的学校[M].柏林：1913.

[136]罗尔夫-哈拉尔特•维庇希(Rolf-Harald Wippich). 日本和德国的远东政策[M].威斯巴登：1987.

[137]阿诺德•莱特(Arnold Wright)，H.A.卡特莱特(Cartwright).二十世纪香港、上海和中国其他港口的印象[M]. 伦敦：1908.

[138]弗兰茨•沃阿斯(Franz Woas).近代东亚建筑艺术//德国建筑报(DBz)[J]，72(1904.9.7)：450～452.

[139]罗伯特•乌特克(Robert Wuttke).德国城市[M]. 莱比锡：1904.

[140]徐飞鹏，张复合，村松伸，堀内正昭.中国近代建筑总览•青岛篇[M].北京：中国建筑工业出版社，1992.

[141]齐德奈(Zedner，名不详).“殖民地和保护区”概念[J]//殖民地评论，2(1914)：85～96.

[142]清华大学建筑系.中国古代建筑[M].北京：清华大学出版社，1985.

[143]彭一刚. 中国古典园林分析[M].北京：中国建筑工业出版社，1986.

青岛德占时期部分路名中德文对照表

现 名	德占时期	德文名称
太平路	威廉街(前海涯)	Kaiser Wilhelm Ufer
中山路南段	斐迭里街(弗里德利希大街)	Friedrich Str.
中山路北段	大马路(山东街)	Schantung Str.
兰山路	皇族街	Hohenzollern Str.
郯城路	威廉-沙夫纳街	Wilhelmshavener Str.
青岛路	维里恩街	Wilhelms Str.
九水路(现无)	约翰•阿尔布雷希特街	Johann Albrecht Str.
明水路	李希霍芬大街	Richthofen Str
广西路	亨利亲王街	Prinz Heinrich Str.
蒙阴路	门神街	Münchener Str.
莒县路	题壁街	Tirpitz Str.
日照路	碧楼街	Bülow Str.
湖南路	依列女街	Irene Str.
湖北路	太子街	Kronprinz Str.
贵州路	王储海岸	Kronprinz Ufer
沂水路	地利街	Diederichs Weg
曲阜路	柏林街	Berliner Str.
肥城路	柏门街	Bremer Str.
泰安路	麒麟街	Kieler Str.
宁阳路	脏官巷	Silberfisch Gasse
新泰路	绿贝街	Lübecket Str.
泗水路	丹煎街	Danziger Str.
河南路南段	汉堡街	Hamburger Str.
河南路北段	河南街	Honan Str.
浙江路	芦坡街	Luitpold Str.
安徽路	爱贝街	Albert Str.
德县路	后楼威街	Hohenlohe Weg
观海一路	瓦德街	Prinz Waldemar Weg
平原路	理萨街	Lazarett Weg
龙口路	阿里拉街	Alila Str.
江苏路	毕士马克街	Bismarck Str.
莱芜路	病院路	Elisabeth Weg

续表

现名	德占时期	德文名称
热河路	德意志街	Deutschland Str.
大沽路	大沽街	Taku Str.
保定路	保定街	Paoting Str.
济南路	济南街	Tsinan Str.
山西路	山西街	Schansi Str.
北京路	北京街	Peking Str.
天津路	天津街	Tientsin Str.
河北路	直隶街	Tschili Str.
平度路	平度街	Pingtu Str.
黄岛路	黄岛街	Huangtau Str.
四方路	四方街	Syfang Str.
海泊路	海泊街	Haipo Str.
高密路	高密街	Kaumi Str.
胶州路	胶州街	Kiautschou Str.
即墨路	即墨街	Tsimo Str.
李村路	李村街	Litsun Str.
沧口路	沧口街	Tsangkou Str.
潍县路	潍县街	Weihsien Str.
博山路	博山街	Poschan Str.
易州路	沂州街	Itschou Str.
芝罘路	芝罘街	Tschifu Str.
济宁路	济宁街	Tsining Str.
吴淞路	吴淞街	Wusung Str.
冠县路	雷先街	Rechtern Str.
莘县路	罗满街	Rollmann Str.
广州路	千瓦街	Kilowatt Str.
云南路	台西镇街	Tai-Hsi-Tschen Str.
上海路	上海街	Schanghai Str.
莱州路	凡促街	Franzius Str.
馆陶路	皇帝街	Kaiser Str.
陵县路	维礼街	Prinz Wilhelm Str.
甘肃路	鱼鹰街	Cormoran Str.
武定路	皇后街	Kaiserin Augusta. Str.

续表

现名	德占时期	德文名称
宁波路	宁波街	Ningpo Str.
大学路	东关街	Ostpass Str.
莱阳路	会前街	Auguste Viktoria Ufer
文登路	伊尔梯斯关口大街	Iltispass Str.
恩县路	维林街	Vering Str.
商河路	黑塔街	Hertha Str.
青城路	芬罗街	Frauenlob Str.
长山路	涵匝街	Hansa Str.
铁山路	特体街	Thetis Str
乐陵路	洋豹街	Jaguar Str.
桓台路	海莺街	Seeadler Str.
泰山路西段	锦豹街	Luchs Str.
黄台路	小鲍岛街	Hsiaupautau Str.

译后记

这里，我简单回顾一下本书的成书过程。

首次看到这篇论文是2005年春天。一位德国友人将此文复印件寄给我。因为此前我曾为青岛德国总督楼旧址博物馆翻译过林德先生关于该楼建筑艺术风格的硕士论文，故这篇博士论文也引起了我的兴趣。粗读之后，觉得若能将其翻译出来介绍给大家，对青岛的文物保护和正确认识德国侵占青岛那段历史不无益处。尽管此前德国学者华纳博士已著有《德国建筑艺术在中国》一书，其中涉及多处德占时期青岛的重要建筑，但对大量德式建筑(近150座)进行综合评述尚属首次，于是我萌发了翻译出版此书的念头。

当年5月我曾致函林德博士，试着谈了我的想法。但因他当时正准备从柏林迁往曼海姆，并就职于曼海姆市博物馆，无暇顾及此事，且我手头还有其他工作，未与他就此事进一步联系。

2015年，我在帮助青岛德国总督楼旧址博物馆和青岛市城市建设档案馆工作时，收到了由林德博士委托青岛市档案馆潘积仁馆长带给我的博士论文精装本，并附有一封很谦虚的信函，认为其博士论文也许“跟不上时代要求”，这反而更坚定了我将其翻译成书的想法。当时青岛德国总督楼旧址博物馆的同志也建议我翻译此书，给予了支持。青岛市城市建设档案馆的同志获悉此事后，也热心加入支持行列，并派出两人补拍了几乎全部现存德占时期的建筑照片。他们的积极和热心深深感动了我，促使我用两年时间完成了全部译稿。其间，我曾将初译稿复印成多份，商请一些同志阅读，征求意见。他们一致认为该书对全面了解德国侵占青岛时期的历史建筑很有价值，建议设法出版。当时青岛市城市建设档案馆也曾与一些出版社接洽，终因缺少作者授权而无法如愿，他们深表遗憾。在此期间，我虽同林德博士有过联系，但始终未获得正面答复。直到2020年青岛市文化和旅游局、青岛市档案馆决心出版这本著作，事情才出现转机。

确定有机会出版后，在青岛市档案馆原馆长姜永河先生的支持下，我再次与林德博士取得联系。想不到这次他十分爽快地答应了，并寄来授权和专为译文出版而撰写的序言，表示他对此书的出版非常高兴。我对他的慷慨和支持深表谢意。

另外，全书中文译稿的录入工作由青岛市档案馆周萍女士以及在同馆帮助工作的刘娜同学完成。我对刘娜尤其是周萍表示由衷的感谢。这次与林德博士往复联系并迅速得到答复，我的孩子张文萍替我做了大量工作，谢谢她！同济大学出版社的陈立群先生向来对青岛情有独钟，为本书出版不惮辛劳，反复沟通编校，专业和敬业精神令人钦佩！

对于青岛市文化和旅游局、青岛市档案馆、青岛市城市建设档案馆决定组织出版这本书，对同济大学出版社、青岛德国总督楼旧址博物馆给予的支持和帮助，对所有为此奔波并做出努力的朋友们，尤其是周兆利、李静、黄琪、慕启鹏、孔繁生、聂惠哲、邹厚祝、袁宾久、刘丹笛、高妍、王建梅、杨明海、谷青、王学纲、刘坤、史晓芸等同志，表示由衷的感谢。没有他们的参与、支持、鼓励和帮助，这件事是做不成的。

夏树忱

2023年秋